光澤美肌
保養術

天后御用美肌推手

王朝輝 醫師◎著

01 CHAPTER
光澤美肌的綜合概論

02 CHAPTER
肌膚失去光澤的成因
與更多肌膚的真相

CONTENTS

作者序

光澤美肌的不二心法，
在於喚回肌膚自癒力！

身為皮膚科醫師，「膚質」與「斑點」是在診間詢問度最高的兩大問題，簡單來說，幾乎每一個人都相當在乎自己的肌膚是否健康，希望膚質能夠改善、毛孔緊緻、沒有斑點，甚至肌膚能透出動人光澤。

也因此，我最常被問：該怎麼保養皮膚？

該怎樣保養皮膚？

事實上，我的回答非常簡單，只要做好「清潔──保濕──防曬」這三項基礎工作，就能擁有光澤美肌！

可惜的是，事實總是「知易行難」，看似再簡單不過的道理，在現實生活，能夠落實的人卻是少之又少，這也是為什麼皮膚科總是人滿為患，現代人似乎有處理不完的肌膚問題及困擾。

大家一定很難相信，若將我平時的工作時間細切，平均而言，看診時花費我最多時間的，就是與求診者進行「告知」的工作。

詢問度最高的兩大問題

斑點　膚質

　　要「告知」什麼呢？「告知」為什麼很重要？又為什麼需要花費這麼多時間？

　　首先，我會以專業判斷求診者是什麼膚質，了解對方是什麼膚質之後，便會花比較多的時間進行衛教；好比說求診者是敏感肌，我便會開始解釋敏感肌的成因、保養方式及接下來如何進行治療……等等看似普通卻很重要的基本知識。

　　我之所以會不厭其煩的反覆講述這些基本知識，這是因為這些知識攸關肌膚好壞，儘管每一個人的肌膚狀況及條件不盡相同，肌膚的保養，甚至要擁有能散發出光澤的肌膚，基本道理卻是相同的，也就是說，把基礎工作做好，擁有光澤亮肌真的非難事。

　　但是，在看診的這些年，我卻發現關於肌膚的根本問題是需要透過衛教或是與求診者聊天的過程中才能發掘問題所在，並進一步解決；若只是快速看診，讓求診者拿藥回家，藥物往往能處理的僅是表面的問題，根本的問題沒被解決，求診者就會一直陷在肌膚持續有問題、不斷復發的惡性循環裡，完全無法跳脫。

就從這本書開始吧！

若要徹底解決這樣的情況，身為醫師，我更有責任花時間與求診者進行衛教、說明和溝通！這也是為什麼在光澤診所，我們為求診者準備了衛教單，並在衛教後，請求診者簽名，這樣的作法，除了避免治療的期望落差外，更重要的是希望求診者能夠願意用正確的觀念及態度，善待自己的肌膚。

相較於無法寫得太完整的衛教單，或是常常有人拿了衛教單，往包包一塞就忘了看的情況，我反而希望能夠集結專業及經驗，透過一本書的方式，傳遞正確的知識及資訊，讓更多人能夠輕鬆、快速的了解自己的肌膚。

《光澤美肌保養術》從一開始的綜論，無分肌膚類型，對肌膚有一個完整的概念及該如何去照護它，再進一步針對自己所在意的肌膚問題，依照書中排序的章節個論，協助肌膚有問題的人找到對應的解決之道，像是敏感性肌膚者，在閱讀本書後能從中找到適合的保養方法。

從飲食、所擦的保養品，甚至用什麼方式保養，一連串的關係及行動都會交互影響反映在肌膚上。而所有的肌膚問題要解決，也絕不是一蹴可幾的，更不會因為擦了一瓶上萬元的保養品，肌膚問題隔天就被解決，甚至產生立竿見影之效。

今天要有什麼樣的果，
前面就得自己負責及努力耕種！

　　想要什麼樣的結果，就得仰賴在此之前有多努力！自己的肌膚，自己要負最大的責任，醫生僅僅是一個協助的角色。因此，我由衷希望每一位想要擁有光澤美肌的人，都能好好利用這本書釐清正確護膚的觀念，並從中找到自己肌膚的解決方案。

　　畢竟，光澤美肌的不二心法，關鍵在於喚回肌膚自療力，而喚回肌膚自療力的最好做法，也絕不是僅僅靠醫美、雷射及瓶瓶罐罐的保養品就能達成，而是要賦予肌膚不再干擾它的自我修復能力！

為肌膚找回健康，
散發光輝，就從這本書開始吧！

——————　王朝輝.

獻給購買此書的你們

作為這本書的協助者、公關及王朝輝院長的小秘書，能夠經歷這一切，是一段讓人難忘的歷程。

一直以來，我都以為皮膚保養很簡單，所以有些輕忽。有時候工作辛苦常常沒有做好清潔卸妝就睡了，皮膚狀況不好、不穩定時又急就章地用面膜救急，現在才知道這些是不對的方式。很慶幸可以因為這次緣由及早了解，我也從中領略皮膚管理的重要，收穫滿滿。

王醫師給我的印象，是一個非常嚴肅的人，這是因為具有長年專業醫療經驗背景的他，必須謹慎、決斷、有效率的執行所有事情所呈現出來的態度，而內化成他的習慣與個性。也因為如此，在籌備出書的過程，王醫師每每在開會前，總會思考上一兩個小時，才讓我進入辦公室討論架構與細節，由此可以看出他對這本書的重視及嚴謹的程度。而後續的對稿，每一個字更是要求精雕細琢，精準快速，他對出書的認真態度也深烙在我的腦海裡。

與他共事的點滴也讓我明白「醫者仁心」是怎麼一回事。因為身為主管及醫師，他待人處事習慣嚴肅但並不嚴厲，其實在他看似

嚴肅的外表下，有顆善良柔軟的心。他總是堅持細節要到位、字句要精確，都是因為不想傳達錯誤知識給真心想要改善肌膚狀況的大眾而所做的自我要求。而在每一場會議結束後，我都能從他口中得到一句「辛苦了，謝謝大家的付出」。簡短卻溫暖的表達，讓付出和成長得到肯定。

　　作為這本書的參與者，我誠摯的期望讀者們不要只是單純的把這本書當成一般商業的皮膚管理書籍，它其實完整的傳遞正確皮膚保養方法，所有相關基礎的皮膚保養守則與膚質狀況都能從中尋得解答。書中有許多關於肌膚的醫療知識，都修正了我既有的錯誤觀念，也讓我了解，很多以訛傳訛的皮膚保養方法是錯誤的，進而影響了肌膚健康。

　　想要擁有光澤的肌膚，首先要了解肌膚、做好保養，而不是花大錢追求一勞永逸，這是最重要的中心思想，也是終身受用的準則。期望每一位讀者，都能在人生的每一刻散發美好自信、綻放光澤美肌。

DR. SHINE 公關　范宇婷

CHAPTER

01

光澤美肌的綜合概論

1-1
了解肌膚的生理構造，
是美肌的第一步

　　許多人都知道，一個優秀的外科醫生，要做好外科手術，首先必須充分了解手術部位之構造，醫學上稱為解剖學，而同樣的學問，其實也適用於肌膚保養。想要成功養成光澤美肌，也必先從了解皮膚的生理構造開始。

　　了解皮膚的生理構造不僅是非常基本，同時也是很重要的事情，因此，在本書一開始，就要先從皮膚基礎構造開始介紹，讓大家對肌膚的結構有了清楚的輪廓後，才能更理解什麼是對養成光澤美肌最根本有效的作法。

　　在診所裡，最常會遇到的一種情況，就是病人走進診間後，劈頭就對醫生說：「醫生啊，我最近的膚質不太好……」或者是「醫生，我這一陣子的膚況特別差……」這兩句話乍聽似乎很稀鬆平常，然而實際上，無論是「膚質」或「膚況」，既主觀又抽象，很難量化，偏偏又真實存在。

　　針對這樣的情況，醫生們會試圖從皮膚的生理學角度，用比較科學的方式去釐清、量化這個狀況，當然也包含了主觀的判定跟客觀的評量，去了解什麼是膚質？什麼又是膚況？因而在進行主觀判定跟客觀評量之前，還是要從最基本的皮膚生理學談起。

皮膚是人體最大的器官，厚度依人及部位而異

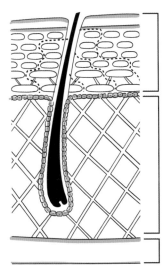

表皮層：皮膚障壁的提供

表皮真皮間隙：第二層防禦的提供

真皮層：
皮膚的水庫（保濕）、彈簧（彈性）、
運輸工（養分提供及代謝）和感受器

皮下組織：提供保溫及保護作用

　　簡單來說，與其它的人體器官相比，皮膚不僅面積最大，而且份量也最重，說它是人體中最大的器官一點也不誇張；皮膚由外而內分為三層，依次為：「表皮層」、「真皮層」、「皮下組織層」這三大區塊。

　　皮膚的厚度是因人而異的，因此不同的皮膚，它的厚度也不太一樣，而同一個人的不同部位，皮膚的厚度也會有所不同，裡頭的皮膚生理組成自然也會有差異。

　　譬如說，相較於其它地方，臉部的皮脂腺含量和活性就比較多、而背部或者是手部皮膚的皮脂腺，含量也會不一樣。至於小汗腺的話，可能是手部的小汗腺會比較多；大汗腺的話則是腋下與會陰處會較多。

同樣的，皮膚的厚薄也會跟年齡、性別、部位有關，以不同的年齡層來看，老年人的皮膚相對年輕人來說較薄，這是因為膠原蛋白流失所造成。至於性別對於皮膚的差異，則是男生的皮膚普遍會比女生稍微粗厚一點，這是因為皮膚也同樣會受賀爾蒙影響；而同一個人即便在同一個部位，像是臉部、眼周的皮膚也相對於其他部位的皮膚要稍微薄一些。

從上述的說明便不難了解，肌膚不僅是人體分佈最大、最廣的器官，它的構造也相當的複雜。

對皮膚有了初步的概念之後，接下來我們來說說皮膚組織。

 前面提過，皮膚分為表皮、真皮跟皮下組織這三大區塊，但其實在表皮跟真皮之間，還有一個很重要的構造是「表皮真皮間隙」，這部份會在後面的章節做進一步解說。

▎表皮層：皮膚障壁的提供

先從表皮層（Epidermis）開始說起吧。

我們平常能夠看到的皮膚來自於表皮層，表皮有五層：角質層、透明層、顆粒層、棘狀層跟基底層，每一層的代謝週期平均為二十八天，因此一般而言，若要使用保養品，要擦到有感並有效，至少要二十八天，也就是這個道理。

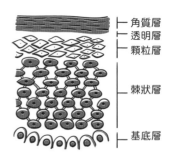

角質層
透明層
顆粒層

棘狀層

基底層

基本上，表皮層的這五層組織，

提供了一個「皮膚障壁」（Skin barrier），具有保濕、防護、防曬等等功能，也就是肌膚的第一層防衛，所以表皮在肌膚的生理構造中扮演了一個非常的重要的位置。

整個表皮層主要就是由角質細胞構成，而位於表皮最底層的基底層，就是產生角質細胞的地方，當新生角質細胞從真皮層得到營養後，隨著新陳代謝，會逐漸往上層移動補充更上層的細胞，就像蓋房子砌磚塊般，慢慢的由下往上堆疊，而在細胞不斷分化、形成與堆疊的過程中，進一步泌出胞器（胞器是細胞的一部分，是細胞中通過生物膜與其他部分分隔開來的結構），持續往皮膚的最外層移動，便形成大家較常聽過的「角質層」。

細胞跟細胞之間，會有一些天然的油脂跟天然保濕因子，屬於油跟水的混合體，其中，天然油脂的內容物，就是我們常聽到的一些神經醯胺、脂肪酸、膽固醇；至於天然保濕因子，則是各種的胺基酸、醣類、糖分、乳酸、PCA、氯、鈉、鈣、鎂等。

而當每一個角質細胞被視為不同的磚塊時，要築起銅牆鐵壁，磚頭和磚頭間就有賴水泥作為黏著劑，而這個水泥就是上一段提到的天然保濕因子跟天然的油脂，透過皮脂分泌及汗腺分泌的方式，

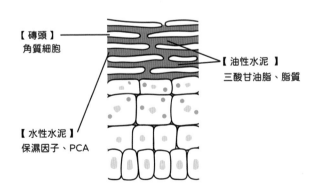

【磚頭】
角質細胞

【油性水泥】
三酸甘油脂、脂質

【水性水泥】
保濕因子、PCA

將油和水混合起來，好把那些角質細胞、也就是磚塊砌在一起，才能變成一道堅固的磚牆。而皮脂的功能還不僅如此，最後還會覆蓋在整個磚牆的最外層，形成一層保護膜，如此才會形成一個完整的皮膚障壁，這也是表皮的基本概念。

表皮真皮間隙：第二層防禦的提供

在進入真皮層前，剛有提過表皮跟真皮之間存在著「表皮真皮間隙」，這就可以視為城牆（表皮層）後面的第一支軍隊，主要的作用是做第二層的防禦。由於「表皮真皮間隙」裡存在有很多血管，簡單來講，第二層的防衛軍隊的運送，就是藉由「表皮真皮間隙」的血管來協助運輸。

「表皮真皮間隙」與敏感性肌膚的形成息息相關，這是因為敏感性肌膚的第一層的防衛比較差，不得不動用到第二層的防衛，便會讓皮膚形成一個慢性發炎的現象，不過，容我先賣個關子，針對敏感性肌膚，在後面的篇章會有詳盡的說明，現在大家對「表皮真皮間隙」的位置及作用有點概念就好。

真皮層：是皮膚的水庫、彈簧、運輸工和感受器

再來就進入真皮層，包含乳狀層（Papillary dermis）跟網狀層（Reticular dermis），而真皮層的基底主要是由三個項目所組成，第一個是纖維，第二個是基質，那第三個是細胞。再進一步細分，纖維主要就是彈力纖維（Elastic）跟膠原蛋白（Collagen），基質則是玻尿酸，至於細胞就是纖維母細胞（Fibroblast），這使得真皮層具備像是水庫（保濕）、彈簧（彈性）的功能。

其中，纖維母細胞就像工廠，在平時，工廠並不會輕易的開工，而是會視需求慢慢生產或快快生產，好比說今天不小心受傷，工廠就會突然被啟動，以便能產生大量的膠原蛋白，好幫助傷口癒合。在一般

醫美療程中，無論是打舒顏萃或是電波拉皮，其實也都是在刺激工廠開工。

另外，真皮層掌管分泌及營養的功能，負責輸送和替換表皮層的營養供給及廢物排泄；同時，真皮層的神經末梢具有敏感的神經組織，能夠通過神經的感受作用，感知外界周圍環境的變化。

真皮層同時也是正常菌叢的生長搖籃

而在真皮層中，除了有纖維、基質跟細胞這三個項目當基底外，裡面還散佈著一些皮膚附屬器、大汗腺、小汗腺、毛囊和皮脂腺等。毛囊、大汗腺、小汗腺，都可以用來調節體溫，大汗腺還可以分泌費洛蒙，產生自身獨特體味，小汗腺調節皮膚濕度，並和負責分泌油脂的皮脂腺，提供一個好的環境，讓皮膚的正常菌叢得以生存。

這些大小汗腺跟皮脂，也同樣扮演著水泥的角色，提供肌膚表皮城牆的防衛作用，並提供了一個潮濕、富含養分、原料

的環境，讓皮膚的正常菌叢能在此進行生長及給予養分的供給。

此外，另一個與汗腺、皮脂相關的肌膚現象，就是「體味」。

其實每一個人都是有味道的，只是輕或重的差別，同時，每個人的味道也都具有自己的獨特性，以自然界中同是哺乳類動物為例，象寶寶要吸奶的時候，會認象媽媽的味道便是如此。

體味主要是從皮脂腺跟頂漿腺（俗稱大汗腺）製造而來；大汗腺裡面有費洛蒙，是主要的味道來源。而皮脂腺雖然負責分泌皮脂，不過本身也具有一點味道。皮脂腺產生的皮脂跟大汗腺裡的費洛蒙，加上皮屑角質層的皮屑，這三者都是提供細菌成長非常營養的物質。

至於細菌本身的代謝產物也有味道，尤其是濕潤的汗水又提供了一個對細菌而言潮濕又溫暖的環境，適合細菌孳生，所以在層層的交互作用下，體味，也就是每個人的味道便是這樣被產生出來的，在這個章節裡，先讓大家有個初步概念，後面的章節中會再仔細說明關於氣味之形成的原因與解決方法。

｜皮下組織：提供保溫及保護作用

最後來到皮下組織。皮下組織主要是由脂肪層所構成，目的是用來進行保溫（保暖）的作用，還儲存了大量的養分和能量，並且能緩衝外力衝擊，保護內臟器官外，當然其中也有一些較粗的毛髮毛囊會深入到皮下脂肪。

保濕因子

DR. SHINE 劃重點

Point 1 表皮從基底層到角質層，共有 5 層。每層之間有很多的細胞，它們就像大大小小不一的磚塊或石頭，而磚塊跟石頭之間，必須要有水泥黏著，才能夠形成堅實的城牆。

Point 2 水泥的材料分為油性跟水性，包含天然的油脂或是皮脂，加上汗水混合而成，就會變成水泥。天然的油脂是由皮脂腺負責分泌，汗水則是負責分泌保濕因子，像是一些鹽類、醣類、乳酸、鈉、氯等，把它們攪一攪之後就會形成水泥，最後外面再鋪一層很薄很薄的油脂，封閉住那些天然的保濕因子，這就是最天然的肌膚環境。

Point 3 皮膚每一層的代謝週期平均為 28 天，因此若使用保養品，要擦到有感並有效，至少要 28 天唷。

 **1-2**

「膚質」、「膚況」
及影響的原因

大家初步了解肌膚的生理構造後,接下來就要進入主題——什麼是「膚質」、「膚況」?

前面說到在臨床上,病人常常會對我說,「醫生,我的膚質一直都很差」或者是「我最近膚況不太好」。膚質、膚況看似很抽象的名詞,若將皮膚放置在皮膚鏡下檢視的話,其實是非常科學的,而皮膚的皮紋、皮溝及皮丘,也就是皮膚本身的紋理情況,也能一目了然。

因此,「膚質」及「膚況」的判斷標準,就是從皮膚的質地判斷而來。

皮紋、皮溝與皮丘組成膚質

所謂皮膚的質地,大致是由三個區塊所組成,分別為「皮紋」、「皮溝」、「皮丘」。皮膚表面有許多纖細的條狀凹陷稱為皮溝;溝與溝之間呈平行的隆起稱作皮丘;至於皮溝和皮丘相間組成皮紋,以手的手掌和足底的皮紋尤為明顯。

假使有人說,「我的膚質摸起來很光滑。」這就意謂他肌膚擁有的角質細胞比較堅實;至於皮膚會看起來比較透亮,則是肌膚的

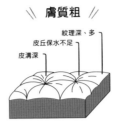

膚質光滑

- 紋理很淺
- 皮丘保水充足
- 皮溝平

膚質粗

- 紋理深、多
- 皮丘保水不足
- 皮溝深

表皮層，也就是上一節所提過的城牆，其磚塊、水泥的比例比較均勻平滑，能夠把光線均勻折射，皮膚自然就會變得比較光滑，同時皮溝的大小密度平均分散在皮膚，皮紋沒有很深，皮丘也沒有很粗，這也表示膚況相對比較健康，不僅光滑，膚色也會比較明亮。

　　肌膚表面平滑，能夠反射光澤，肌膚就會顯得明亮，而光線的折射之所以會比較好，其條件便包含了肌膚的保水度及含脂量。皮膚的保水度如果比較充足，那麼表皮的油脂含量也相對會是充足的，光線的折射自然就會變得比較均勻，再加上沒有凹凸不平，就會構成健康明亮的膚色。

┃含水量、含脂量、皮膚角化、代謝及黑色細胞活性都會影響膚質

　　當然，膚色除了光線的折射以外，另外還有兩個決定性的因素：黑色素的活性及皮膚代謝速度。**簡單的來說，皮膚的含水量、含脂量及皮膚角化的速度、黑色素細胞的活性，還有皮膚代謝的速度，這幾項因素都會改變皮膚的質地。**

　　皮紋、皮溝及皮丘主要是由角質細胞所組成，角質細胞的最外層是皮質腺所分泌的皮脂，角質細胞就像一個個磚頭，每一個磚頭與磚頭間有保濕因子、三酸甘油脂及脂肪酸所形成的親脂性和親水性的水泥，好讓角質細胞做緊密結合。

而皮紋、皮溝、皮丘會影響光線的折射及觸感。若皮紋、皮溝、皮丘不是那麼深的話，肌膚的觸感就會很光滑，保水度及含水量也會增加，皮膚相對就會比較飽滿，同時，若是油脂分佈比較均勻，光線折射也會比較好，皮膚也會比較透亮。

　　再來，則是皮膚角化的速度，如果較正常，皮紋跟皮溝和皮丘就會比較光滑；角化如果進行太快，或者是油水等成分構成的水泥的品質不好，也就是保濕因子不夠，城牆的磚塊就容易剝落，那麼就容易有脫屑、乾燥的情況發生，肌膚摸起來就會有脫屑或粗糙的感覺。

　　最後，黑色素細胞的活性所影響的會是膚色。會讓膚色看起來比較暗沉或蠟黃，其成因主要是與皮膚代謝的速度有關，黑色素細胞的活性假使很活躍、皮膚的代謝速度又比較慢，肌膚就會變得比較蠟黃暗沉。

　　而除了上述因素外，皮膚質地好壞與遺傳、年齡、性別，還有生活方式、飲食習慣都有關聯，有些人因為遺傳，天生膚色就相對較蠟黃，或是比較容易暗沉、代謝率比較慢等。當然，年齡越大，膚色自然也就沒有年輕時那麼好，**因此除了保養之外，擁有良好的生活作息及飲食習慣對膚質也會有正面的幫助。**

DR. SHINE
劃重點

Point 1 影響膚況與膚質的因素：皮膚的含水量及含脂量、酸鹼值，還有皮膚表層角化程度、角質細胞間的保濕因子多寡等。

Point 2 膚質與膚況是一個變動的平衡，除了和年齡、性別、遺傳、外在環境、飲食也都息息相關之外，有時也跟情緒、女性生理期前後、懷孕等這類與賀爾蒙變化攸關的因素，也會改變膚質。甚至更年期，膚質也會跟著改變。

Point 3 上述因素帶來的改變有直接、間接的，假設平常有做好保養，再加上良好的生活作息、睡眠充足、飲食均衡，膚質也會跟著變好喔！

 **1-3**

檢測膚質的「洗臉檢驗法」

　　大多數人應該都曉得,透過掌握自己的膚質類型,在日常保養上可以對症下藥,並能夠針對皮膚的需要來選擇合適的保養品。所以,清楚知道自己的膚質類型是非常重要的,越了解自己的肌膚,保養起來就會來得更加得心應手。

　　大家一定會常常聽到有人說,自己的肌膚是比較油性的,或者是有人會說自己的膚質是中性膚質或混合性膚質。那麼,該如何判斷自己是哪種膚質類型呢?

　　在臨床上,會簡單的將膚質分為五大類。

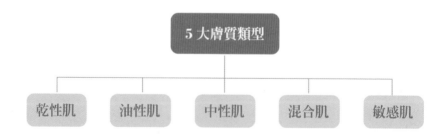

　　由於每一個人的主觀感受不盡相同，因此要如何判定才不失準呢？我盡可能用一個客觀方式來教大家判定膚質。

　　大家一定有聽過這樣的說法，擦保養品的時間通常會建議在洗完臉後的 5 分鐘之內。至於為什麼要在 5 分鐘內呢？這是因為超過 5 分鐘以上的話，肌膚就會啟動自我重新平衡，顯露出自己最真實的膚況，因此「洗臉檢測法」是我比較建議的居家檢測膚質的方式。

┃乾性肌的判斷法

乾 性 肌

- ☑ 細 紋
- ☑ 脫 屑
- ☑ 無光澤

　　洗完臉或洗完澡並擦乾後，不要擦任何的保養品，等待約 10 分鐘之後，可以觀察一下自己的皮膚狀況。如果你的皮膚在 10 分鐘後，看起來沒什麼毛孔但細紋明顯，並且覺得臉部繃繃的，甚至還有一點點脫屑的情況，也沒有什麼光澤感，那你就是比較偏乾性的膚質。

　　乾性膚質基本上是比較缺乏油脂，或是缺乏一些天然保濕因子，像是各種胺基酸、鹽類、乳酸、PCA、醣類、氯、鈉、鈣、鎂等多種離子以及尿素等等，這一種皮膚相對就會是比較容易老化的肌膚，因此在保養上，必須加強抗老及保濕，得在保濕上多花一番功夫。

▎油性肌的判斷法

油性肌

☑ 毛孔大
☑ 油亮
☑ 黑／白粉刺

　　洗完臉並擦乾 10 分鐘後，皮膚毛孔變得比較粗大，同時也顯得比較油亮，黑頭、白頭的粉刺都特別明顯，甚至用手一摸，手上還會有點油膩感的，那你就是屬於偏油性的肌膚。

　　油性肌膚在居家照護上，應特別注意清潔，並保持油水平衡，以及要加強防曬，以維持皮膚角質代謝正常。

▎中性肌的判斷法

中性肌

☑ 不油不乾
☑ 細緻
☑ 有光澤

　　同樣的，洗完臉後 10 分鐘，你覺得整個膚況都還 OK，T 字部位既不油也不乾，然後皮膚紋理還算細緻，摸起來光滑度不錯，並呈現出光澤度，沒有出油也沒有乾燥的情況，那麼恭喜你，你的肌膚就是屬於那種很棒的、人人羨慕的中性肌膚，平時只需要做好適度的保濕即可。

混合肌的判斷法

混合肌

☑ T 字油
☑ 臉頰乾
☑ 粉刺

洗完臉後 10 分鐘，你發現自己的臉頰兩側跟額頭有特別緊繃的感覺，甚至有點粗糙感及發生脫屑，肌膚相對比較沒有光澤，但是 T 字部位的鼻頭粉刺又格外明顯，有時候摸起來也有點油膩感的，那你就屬於混合性的肌膚。

一般來說，混合性肌膚由於 T 字和臉頰這兩邊的落差會比較大，在保養上面的程序不僅會比較繁複，同時也要比較費心喔。

敏感肌的判斷法

敏感肌

☑ 紅癢
☑ 丘疹
☑ 毛細血管

在洗完臉後的 10 分鐘，臉部有點粉紅粉紅的，甚至是紅、癢、繃，更甚者還出現一些紅色的丘疹，那就是屬於敏感性膚質了。

除了上述症狀，若是連毛細血管也比較明顯的話，則是屬於「敏感性脆弱」的膚質，不管是敏感性或是敏感性脆弱膚質，在保養上就得特別小心，同時在保養品選擇上面也盡可能要注意。

保養可分成日常保養和定期保養，日常保養以最重要的3步驟為主：洗臉、保濕跟防曬。

洗臉

盡可能不要使用含皂性或界面活性劑太強的清潔用品。

保濕

越單純越好，水性的保濕和油性的保濕各一瓶即可。

防曬

盡量選擇純物理性防曬或者偏物理性的防曬，以降低皮膚的過敏的機率。

至於定期的保養也扮演著很重要的角色，建議搭配一些醫學美容的療程，定期做保濕導入或敷面膜，或者到醫美診所、皮膚科診所做高科技的儀器，讓皮膚可以更健康，呈現出一個好的狀態。

而上述這5大肌膚類型之外，近來也常出現另外的肌膚名詞，叫做「敏弱肌」，但事實上，「敏感肌」、「過敏肌」及「敏弱肌」這三個名詞是有差異的。

簡單來說，皮膚過敏是一種症狀，如果肌膚出現紅色的丘疹，並有搔癢、脫屑等嚴重的情況發生，就屬於皮膚過敏的情況，蕁麻疹就是皮膚過敏的一種，可以說皮膚出現急性發炎；若產生上述的臨床症狀，就是皮膚過敏。

敏感肌，便是上面提及的慢性發炎的肌膚；相較於敏感肌的皮膚過敏，敏弱肌則多半是保養沒有做好，有時候臉部會比較容易

乾、緊繃，或是容易出油。尤其在換季時，若保養品沒有跟著換，進而造成皮膚受損，就有可能會變成敏弱肌。

不過，在這裡要釐清一個重要的觀念：**敏弱肌未必會直接變成敏感肌，但是長期的敏弱肌在日積月累下會變成敏感肌；而長期的敏感肌在遇到外界的刺激時，便可能會導致急性的皮膚過敏。**

由於洗臉、保濕跟防曬是美肌最重要的關鍵三步驟，針對不同肌膚屬性的保養法，我都會在後面的章節一併做更詳盡的介紹。

當然洗臉檢測法是比較能在家裡進行自我檢測的保養方式，而除了洗臉檢測法之外，坊間有很多的醫美診所或皮膚科診所會提供專業的儀器如皮膚鏡去進行肌膚觀察及檢驗，或者是時下有很多的膚質檢測方式，像是肌膚檢測儀 VISIA 等，都是可以用相對客觀的方式，讓大家能夠了解自己現在的膚況。

在光澤診所，我們也提供專業的機器檢測及對應的居家照護方式，有興趣的讀者，可以看看後面篇章中針對各膚質的保養重點，進而找到屬於自己、合適的肌膚因應之道。

DR. SHINE
劃重點

1 洗臉檢測法是最容易在家進行的一種自我檢測方式,因為臉部肌膚在清潔後的幾分鐘後會自我平衡,呈現真實膚況。

2 簡單來說,肌膚分為五大類,透過洗臉檢驗可得知:

你的肌膚出現⋯⋯ 洗臉完10分鐘後,假使	細紋較明顯,且皮膚粗糙、脫屑、蠟黃暗沉,斑點明顯。	乾性膚質 ★(保養更需注意)
	若毛孔粗大、油亮、黑白頭粉刺明顯、具油膩感。	油性膚質
	膚況尚可,T字部位也正常,肌膚紋理細緻,無出油或是乾燥。	中性膚質
	臉頰兩側緊繃、脫屑等等,T字部位有出油狀況。	混合型膚質 ★(保養更需注意)
	臉部肌膚會癢、緊繃、紅疹、微血管明顯等。	敏感性膚質 ★(保養更需注意)

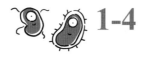

1-4

認識皮膚的「微世界」：
細菌與皮膚的關係

看到這個標題，我想應該有不少人會冒出疑問——細菌怎麼會與皮膚有關聯？

｜皮膚並非無菌狀態，菌落平衡有益肌膚健康

事實上，如同腸道有好菌與壞菌，肌膚表層也像是「菌落」農場，更是一個「微」世界，由各種微生物菌落維持肌膚的健康，也就是說這些微生物菌不只存在於體內，肌膚也遍布著細菌、真菌、嗜菌體等的微生物。

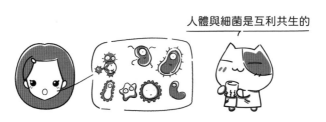

人體與細菌是互利共生的

現在早已有許多研究證明，肌膚微生態中不同微生物間的平衡可以增加肌膚防禦、修復或屏障的作用，反之失衡時則可能導致脂

漏性皮炎、脫皮、異常出油等等的肌膚問題發生，換句話說，人體雖然跟細菌是互利共生，但細菌也有可能會傷害人體。

既然人體上有這麼多共生的細菌，那這些細菌共生的地方又在哪呢？基本上，細菌共生之處大概有幾個區塊，消化道就是大家比較耳熟能詳的部位。

消化道從口腔開始、一路下來到胃、腸，這段長長的過程中，就有很多的共生菌，口腔的共生菌決定口氣是否清新與牙齒健不健康，也就是會不會蛀牙，而胃裡面的共生菌則是相對比較少，一旦胃裡面的共生菌失衡就比較容易胃潰瘍或胃發炎。

大家知道嗎？一個人身上共生的細菌數是遠遠大於一個人身上的細胞數量！原則上大概人體身上共生的細菌，約莫有一兆隻左右，是人體細胞的十倍。乍聽之下，皮膚細菌的總量和多樣性聽上去似乎很可怕，其實卻是有益健康的好事，擁有豐富、平衡的微生物群對整體健康和皮膚狀態是非常重要的喔。

至於大腸自然是重中之重！許多人會吃益生菌幫助腸道順暢，這是因為糞便的形成跟共生菌也是有關聯性之外，大腸內的益生菌也跟皮膚息息相關。可以說，在腸道裡面的益生菌，包含胃或者是大腸，都是跟皮膚有關係，也跟自體免疫力、會不會過敏，甚至會不會得癌症、會不會慢性發炎都有關聯。

在陰道、生殖道也有共生菌，當共生菌失衡就會產生搔癢、分泌物、異味等等現象。而就如我一開始就開宗明義的告訴大家，皮膚是人體最大的器官，所以顯而易見的，大部分的共生菌都是在皮膚上，所以千萬別認為皮膚是無菌的喔。

｜皮膚的微生物豐富，各自扮演角色，彼此間互相競合

皮膚的微生物非常的豐富，原則上 1 平方公分，就有超過 100 萬隻的細菌。而皮膚的菌叢間，各自有各自的角色擔當，彼此互助競爭也互相影響平衡，更重要的任務是，它們共同維繫皮膚正常的生理功能之外，也同步訓練我們的免疫系統。

進一步探究皮膚的微生物種類，大概分為幾大類：第一個是細菌，第二個是黴菌、第三個則是蟎蟲，皆與皮膚互利共生；為了讓這些微生物生存，皮膚就如同一個農場，提供適合的環境還有飲食，居住其中的微生物，就會盡力協助皮膚維持一個穩定的狀態。像是我們俗稱的 PH 值，同時他們也能維持一個保濕的環境，透過讓角質細胞分泌抗菌生態，或者是演化、產生保濕因子，好讓皮膚更健康，並協助皮膚進行防衛工事。

這也是為什麼近年來，市面上有很多的保養品都在模擬這些肌膚的共生微生物的產物，以協助皮膚維繫良好的膚況跟膚質，及讓皮膚能常常處於一個非常明亮具有光澤的狀態。

這些微生物還能形成人類自身獨特的體味，以用來增加吸引力，體味的產生主要是跟頂漿腺分泌費洛蒙有關，其實也跟皮膚裡的一些共生菌的代謝產物有關係的。除此之外，不同皮膚的部位，其菌叢組成也是不一樣的。

回到微生物的種類，先說細菌。細菌方面的話，有桿菌、球菌跟格蘭氏陰性菌的混合菌。桿菌主要就是類似痤瘡桿菌，或白喉棒狀桿菌，這個是比較常見的。講白話點，青春痘的一個成因，就是痤瘡桿菌感染。這是因為在封閉的毛孔內環境，會提供厭氧的痤瘡桿菌很好的生長環境，一旦發生感染，就有可能進一步形成膿皰型青春痘（Pustule Acne）了。

大家一定有聽過「乳臭未乾」這句成語，這句話其實是有根據的，為什麼會有乳臭？其實也是跟桿菌有所關係。再來，球菌的話，就有金黃色葡萄球菌、表皮球菌及鏈球菌。至於混合菌的話，相對是比較少數的。

至於第二大類的黴菌，主要是皮屑芽孢菌、念珠菌跟酵母家族。說到酵母家族，講一個其中最有名的成員，就是 SK-II 的鎮牌配方—Pitera，Pitera 跟肌膚的天然保濕因子（NMF）成分極為相似，SK-II 便是利用 Pitera 的代謝產物去模擬出皮膚一個良好的狀態跟環境，這也傳遞了一個重要訊息，那就是——細菌跟皮膚的環境是有關係的。舉例來說，當肌膚油脂比較多的時候，痤瘡桿菌就容易孳生；而當角質細胞比較會剝落的時候，同樣的，也成為金黃色葡萄球菌或鏈球菌茲生的溫床，所以像罹患異位性皮膚炎的小朋友很容易會有這一方面感染。所謂的感染並不一定是意謂真的被什麼東西入侵，而是當皮膚的防禦力不好，導致角質細胞剝落，就成

為細菌的養份，細菌就會大量的孳生，破壞了原始的平衡，而產生失衡的情況。像是股癬；或是小孩包尿布造成的紅屁股，就是因為屁股被悶住，產生高溫多濕的環境，導致念珠菌增生的結果。另外像是有一些糖尿病的患者，由於他的汗水帶有糖分，或者是尿液中帶有糖分，同樣也容易成為念珠菌滋生的養分。

至於蟎蟲，是微生物中的第三大類，蟎蟲是寄生在皮膚表面的微生物，用肉眼是看不到的，它出現後會逐漸侵蝕我們的皮膚，皮膚出現坑坑窪窪或者是痘痘、色斑曬斑，大多數就是蟎蟲帶來的困擾。而長期使用不適當的保養品或化妝品，無法代謝堆積在基底層的話，日積月累下，不單單是皮膚的整個架構組織功能都會受到改變，分泌腺也會處於一個慢性發炎的狀態，所分泌出來的腺體品質自然就會跟以往不一樣，進而造成不同菌叢、菌落的增生，蟎蟲也會隨之增生，之後蟎蟲又會去啃食角質細胞，造成肌膚防禦力下降，便進入一種惡性循環。

▎對於膚質好壞益生菌能夠發揮直接及間接效果

假使今天你想要擁有一個好膚質的話，首要的外在關鍵在於要「用對保養品」。用對保養品，可以讓皮膚的微生物與微生物之間，或菌叢跟菌叢間取得平衡，並創造出一個好的環境。同理可證，若

能讓有益的細菌留在腸道的話，這也可以提高自身的免疫力，同時也能讓皮膚變得有光澤。**因此，益生菌所發揮的作用，除了直接在皮膚上表現出來，也會透過腸道間接使皮膚更健康。**

其實綜觀人體，本身就是一個平衡的結果。正常的菌叢就像室友，有好的室友，也會有不好的室友；好的室友會懂得分享回饋，那不好的室友，就是會佔便宜，甚至還恣意的把房間環境弄亂，這樣的結果就會影響居住環境，反映到身體，就會影響健康。

因此像所謂的「益生菌」，就是好室友。事實上，「益生菌」這名詞是人類創造出來的，把對人類好的細菌歸類為益生菌；而無助於人類，甚至可能會危害健康或導致癌症，就是有害菌。

講完細菌與肌膚的關係，現在回來聊聊保養品。

2021 年的保養品市場比較特別，有種「反璞歸真」的風潮，相較以前大家都拚命在成分上較勁，像乳木果油、維他命 C、A 醇。2021 年反倒是「追求自然」，像是讓皮膚恢復正常菌叢的訴求，或者是標榜益生菌保養品，都是 2021 年保養的主軸。

事實上這個概念並非創新，早有一段時間，像 SK-II 就是一個比較廣為人知的例子，當然現在這股風潮下，不乏保養品強化這個概念，甚至像 CHANEL 這樣國際大品牌也依據這個概念研發產品。

另外，由於微生物所代謝出來的有些產物是對人體有益的，比如說「胜肽」，就是小分子的蛋白質，小分子的胜肽可為皮膚所利用，相對於膠原蛋白這類分子較大的美容成分，由 10 個以內的胺基酸組成的寡胜肽成分，分子相當於奈米級，因此非常容易被肌膚吸收。

市面上有些保養品會標榜「6 胜肽」、「8 胜肽」，目的為達到緊緻肌膚作用，你知道胜肽前的數字所代表的意義是什麼嗎？其代表的意涵就是胺基酸的組成數量喔。例如，5 胜肽就是由 5 個不同胺基酸所組成。目前，已經被運用於保養品的胜肽有 2、3、4、5、6、7、8、9 等胜肽成分，而這些成分有助於改善膚色、保濕，讓肌膚更加潤彈光滑。

肌膚保養吃與擦要雙管齊下

有人會問，益生菌保養品究竟是用擦的會比較好？還是用吃的會比較有效？

其實，吃的益生菌跟擦的益生菌原理不同，因為皮膚的正常菌叢跟腸道的正常菌叢是不一樣的。當肌膚呈現油水平衡的時候，也就是理論上，假設皮膚是處於健康的狀態，就是表示菌落也是維持在平衡的狀態。一旦你的保養方式，甚至清潔方式沒有做好的時候，皮膚的生態環境就會被改變了。就連飲食也會影響到腺體，像是吃榴槤後，腋下會散發出一點榴槤的味道、吃咖哩也會有咖哩的味道。

一般而言，**對於肌膚的養護，我們該追求的應該是透過飲食，像是清淡飲食、少菸少酒的方式**，因為少菸少酒也能間接改變汗腺和皮脂腺的分泌，促使益生菌較多，或是直接擦保養品。想要讓菌落平衡的話，保養品的挑選就要注意，像是選擇成分訴求裡有包含益生菌，這樣在使用的時候，才能發揮作用，創造皮膚環境的平衡。當然，正確並適度的清潔與保濕，也能讓菌落，尤其是皮膚的益生菌，比較容易達到平衡，而當益生菌的菌落是平衡的，皮膚也就會比較健康。

｜正常的飲食作息才是肌膚固本之道

看到這裡，也許有人會有疑問：「為什麼一樣的菌落，有些好菌的菌落會減少？壞菌的菌落會增加？或是因好菌的菌落增加，使得壞菌減少？」

這個答案很簡單，就是受環境影響。這也是為什麼我會一直不厭其煩的強調生活型態跟飲食習慣其實和光澤美肌養成有直接的關係。就像前面提及腸道也有菌落，很多人都吃益生菌來調節免疫力，就是同樣的道理。補充益生菌，能讓腸胃道更通順，進而改善便祕、口臭等問題，一般益生菌的味道是類似臭豆腐，稍微有點偏豆味或甜味，較緩和一點，不是那麼刺激、那麼臭的，所以當改善腸道健康時，我常說，不但嘴巴不臭了，連放出來的屁，甚至體味都會是香的！

因此，唯有肌膚表皮的菌叢生態平衡，才能發揮皮膚屏障功能，免受外界影響，能維持機能正常運作；至於保養品挑選因人而異，而無論挑選哪種菌種的益生菌保養品，都應該以自身膚況做為

補充益生菌之餘，維持良好的生活作息才是美肌之本

評估標準，選擇低致敏、有明確成份標示的產品，一旦有肌膚異狀，應立即停用產品並諮詢專業醫師意見，當然，萬變不離其宗，最重要的還是維持正常的飲食習慣、有充足的睡眠、保持運動習慣等良好的生活型態，才是肌膚的固本之道。

DR. SHINE
劃重點

Point
1　人體與細菌是互利共生的，每個人身上的細菌遠大於細胞的數量，約莫有一兆隻左右，是細胞數量的 10 倍。

Point
2　皮膚並非無菌，菌叢之間各有各的角色，彼此互助競爭、相互影響及平衡。人體內包含腸道、口腔、陰道等地方都有各類菌種，腸道的菌會影響潰瘍、發炎、免疫力、過敏、皮膚等，而口腔的菌則是影響口氣與蛀牙。

Point
3　大部分共生菌都在皮膚上（皮膚上的微生物非常豐富），一平方公分大約有超過 100 萬隻細菌，菌叢間彼此相互競爭，以維持正常皮膚生理功能，訓練免疫系統。

Point
4　皮膚的微生物豐富且重要，分為細菌、黴菌及蟎蟲。皮膚和這些菌類共生，提供環境與食物給細菌生活。而細菌則是協助皮膚維持一個穩定的 PH 值，並讓角質細胞產生、協助、防衛等。至於感染後細菌，其產物會有味道，則是會讓人體形成自身獨特的體味，增加吸引力。

Point
5　想要肌膚平衡且養好膚質、提升良好膚況，首先要選對保養品，再來腸道也要多加注意，除了補充益生菌，也要維持良好的生活作息。

1-5

讓肌膚失去
光澤與健康的 NG 食物

前篇在分析細菌與肌膚的關係時，在最後我劃了個重點，就是「生活態度與飲食習慣跟肌膚是息息相關的」。會這麼強調的原因是，皮膚就如同是身體的窗戶，皮膚的好壞除了日常保養之外，追本溯源，肌膚好壞更重要的一個使命，在於反映身體的狀況。

因此，本篇將會先聚焦於飲食這個區塊，這是因為若要使皮膚健康、有能力對抗老化的第一要點，就是每天均衡且充足的攝取各式各樣的食物。本篇我會分為兩個面向來分享，第一個是哪些是肌膚的 NG 食物會對肌膚帶來什麼樣的影響？第二個則是如何正確吃出光澤美肌。

| NG 食物第 1 類：精緻高醣類

像是碳水化合物，尤其是精緻醣類含量比較高的食物會對皮膚帶來負面影響。原因是含醣類高的食物會讓升糖指數提高，造成皮膚角化異常及引起免疫力下降、皮膚慢性發炎、加速肌膚老化。

什麼是「升糖指數」（Glycemic Index，簡稱 GI）？就是很多人所知道的「GI 值」，簡單來說就是代表我們吃下去的食物造成

血糖上升速度快或慢的數值，隨著飲食全球化及食品技術的提升，五穀雜糧的加工越來越精緻化，纖維素（水溶性及非水溶性纖維素）及食物中的機能性營養素，如五穀雜糧原本含豐富的維他命 B 群及鐵質，在高度加工的影響下，營養素含量越來越少，這類高度加工的精緻醣類食品，容易使血糖快速上升，當血糖升高的時候，胰島素也會提高，胰島素便會去干擾荷爾蒙，因而產生一連串的免疫反應，日積月累下，會讓身體包含皮膚處在慢性發炎的狀態。

　　高醣類食物也會影響皮膚角化。角質細胞在 1-1 節中有提過，皮膚的表皮層有 5 層，皮膚最上面的表皮就是角質細胞，角質層細胞由基底層逐漸往上堆疊，最後死細胞變成角質層，這個過程稱為角化過程。一般而言，皮膚有 5 層，每層的角化過程完成約 28 天。然而慢

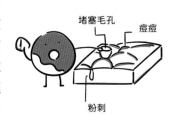

堵塞毛孔

痘痘

粉刺

性發炎或是醣類食物去干擾荷爾蒙都會造成角化過程的異常，角化異常就會發生毛孔堵塞的現象，這就是為什麼喜歡高醣或者是大量精緻醣類飲食的人較容易長粉刺及痘痘的原因。

膠原蛋白質變

　　另外，由於高醣類食物的醣分身體代謝不掉，醣分與體內的膠原蛋白結合後會導致膠原蛋白質變、斷裂，因此長期、大量攝取精緻碳水化合物或高醣的飲食，肌膚會容易老化。假使常吃一些低 GI 的食物，富含纖維的醣類像番薯或糙米，或者是粗製而非精緻的五穀類，反而有益身體。

| NG 食物第 2 類：高鹽類

相信大家都會有個經驗，只要是吃到口味比較重、比較鹹的食物，隔天起床後，臉或身體就相對比較容易浮腫。為什麼？因為我們吃進去的鹽類，會在身體裡形成不同的滲透壓。

先解釋「滲透壓」是什麼？若將細胞浸在每立方英尺含有的自由水分子比細胞內部多的鹽水裡面，便會迫使水分子從含量較多的地方——鹽水，穿過薄膜，移動到含量比較少的地方，也就是細胞裡；換句話說，水從相對含水比較多的溶液，移動到相對含水比較少的溶液裡的過程叫作「滲透」，迫使水分子穿透薄膜的壓力叫作「滲透壓」。

當外面的溶液濃度比細胞質內的溶液濃度高時，外面溶液便被稱為高張溶液，此時外面濃度高，水滲入量<水滲出量，水會往細胞外流，細胞會因失水而萎縮，而容易產生細紋跟皺紋；反之，當外面溶液濃度比細胞質內濃度低，外面溶液為低張溶液，此時裡面濃度高，水滲入量>水滲出量，導致水會往細胞內流，細胞吸水而膨脹，這時候臉部看起來就顯得水腫。

鹽多時：水往細胞內流，產生水腫　　鹽少時：水往細胞外流，產生皺紋

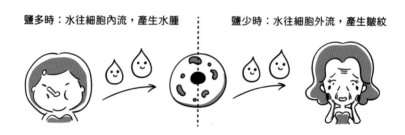

　　因此，當外面溶液濃度跟細胞質內濃度差不多時，外面溶液為等張溶液，此時內外濃度相當，水滲入量＝水滲出量，細胞體積維持不變，細胞跟細胞之間的流動便是正常的以外，此時的狀態也是最佳平衡，會呈現出好的膚質。

　　由此可知，鹽是用來鎖住水分的！

　　一旦吃了太鹹的食物，身體相對於水是屬於高張狀態，那麼濃度高，相對就變得比較容易浮腫，在這樣的情況下，身體為了要追求等張，好讓細胞跟細胞之間的組織液可以正常流通，就不得不動用肝臟，除了導致肝臟勞累度增加外，上廁所的頻率也會增加。

　　而吃過鹹的食物出現水腫，最明顯的部位就是眼周，特別是有些人比較敏感，通常只要前一天吃太鹹的東西，第二天眼皮或眼袋、眼周就會出現浮腫。長期下來，若都是攝取高鹽的飲食，還會受到鹽成份裡含碘的影響，也使得碘攝取量過高，進一步讓甲狀腺、皮脂腺變得異常，一旦皮脂腺被影響，長痘痘的機率也會提高外，荷爾蒙也一樣會受到干擾。所以並不是只有吃油膩的食物才會長痘痘，過鹹的食物也是隱形推手。

攝取高鹽的飲食容易水腫

甲狀腺　皮脂腺

荷爾蒙

| NG 食物第 3 類：油脂類

　　一般而言，會比較建議攝取不飽和脂肪酸，飽和脂肪酸適度就可以了，但若是**攝取飽和脂肪酸之外加上反式脂肪酸，整體的脂肪酸就會過量**，不但皮脂會分泌旺盛外，反式脂肪酸也會引發慢性發炎。前面說過，慢性發炎會造成角化異常，容易阻塞毛孔，特別容易長粉刺及痘痘，形成惡性循環。

　　在診間常能見到患有閉鎖性粉刺的年輕人，或者是已經 3、40 歲了，還是深受閉鎖性粉刺的困擾，基本上都是飲食惹的禍！可能是精緻醣類吃太多，油脂也吃進不少，特別是喜歡吃奶酥類食物的人要格外注意，為了增加香酥感，在製造過程中會添加反式脂肪酸，一旦不小心攝取過多就會增加閉鎖性粉刺的產生。

皮脂旺盛、肌膚慢性發炎　　　　　　毛孔堵塞、長粉刺與痘痘

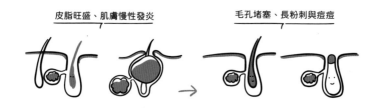

| NG 食物第四類：乳製品

痘痘嚴重者與乳醣不耐症者 盡量少飲用

　　再來就是牛奶。對於某些人而言，奶製品也是會容易引發發炎的食物；相較於西方人，東方人有相當大的比例會有乳醣不耐症。基本上這一類的人就盡可能的不要喝牛

奶，如果硬喝的話，除了會增加慢性發炎的發生機率，甚至有些人會嚴重到過敏及引發蕁麻疹。

在製造牛奶的過程中，為了讓母牛能夠在非哺乳期泌乳，酪農通常會添加一些荷爾蒙，以刺激乳牛產出更大量的牛奶，因此牛奶多多少少含有荷爾蒙，當然適量的牛奶對身體有益，可以補充一些必需胺基酸，但同樣的，別過量攝取。

至於荷爾蒙攝取過多會有什麼樣的影響？第一個是皮脂腺、第二個則是角質細胞的角化過程，這又回到上面提過的情況，當皮脂腺油脂分泌異常，角質細胞角化也異常，粉刺或痘痘就會跟著出現，或者是毛孔變得粗大。因此建議在青春期時，牛奶的補充絕對要適量即可，尤其是乳糖不耐症的人，千萬要避開。

| NG 食物第 5 類：酒精

酒精建議盡量要避開。因為酒精是透過肝臟進行代謝，肝臟代謝需要透過兩個步驟，首先經過乙醇去氫酶（簡稱 ADH）代謝成有毒的乙醛，再由乙醛去氫酶（簡稱 ALDH2）代謝成無毒的乙酸。

乙醛去氫酶在人體的代謝過程中扮演一個很重要的角色，簡單來說，乙醛長期累積在體內將會產生自由基，乙醛去氫酶便扮演清除自由基的重要角色，一旦喝酒喝太多，便會過度消耗掉肝臟解毒的功能，就會把更多的毒素留在體內，造成毒素的堆積，當毒素持續堆積時，皮膚就會變得暗沉跟蠟黃，另外就是，長期飲酒會讓皮膚的血管擴張，造成類似酒糟肌膚。

│ NG 食物第 6 類：菸

　　最後一個 NG 食物，其實應該說是行為，就是抽菸。抽菸會產生大量的自由基，堆積之下，肌膚會顯得蠟黃之外，也使慢性發炎加劇，增加黑色素細胞的活性，肌膚便會暗沉，並同步會影響皮脂腺的分泌跟表皮細胞的角化過程，造成角化異常，然後容易阻塞毛孔形成粉刺，同時膠原蛋白也容易斷裂流失，抽菸可以說是最傷皮膚的一級殺手！

膠原蛋白流失

Point 1 皮膚會反映身體的狀況,其中與「生活型態」與「飲食習慣」息息相關。

Point 2 六大 NG 飲食,請千萬避免。

六大 NG 飲食

高醣及精緻醣類	● 造成皮膚的角化、毛孔堵塞、長粉刺及痘痘。 ● 造成升糖指數過高、膠原蛋白的衰弱,導致細紋、老化以及造成免疫力下降、皮膚慢性發炎形成老化。
高鹽類	● 引起身體的浮腫,尤以眼周最易浮腫。市面上許多鹽類都含有鈉與碘,會對甲狀腺與皮脂腺造成影響,引起痘痘、賀爾蒙也易被干擾等狀況。
油脂類	● 造成皮脂旺盛、肌膚慢性發炎、毛孔堵塞、長粉刺與痘痘,皮膚細胞的完整度也會下降。
奶製品	● 乳醣不耐症的人會引起慢性發炎與過敏。 ● 易引發皮脂腺分泌旺盛、角質細胞的角化過程異常。 ● 易長痘體質與乳醣不耐症者少用為佳。
酒精	● 肝臟代謝不佳者皮膚易蠟黃。 ● 長期飲酒會讓皮膚血管擴張,造成酒糟肌。
抽菸	● 對肌膚傷害最大。 ● 引起皮膚暗沉、蠟黃、粉刺增生、膠原蛋白流失。 ● 黑色素細胞增加,易引起皮脂與角化問題。

 **1-6**

人如其食：
飲食選擇決定肌膚狀態

我遇過不少來求診的患者，每天都非常勤奮的保養，甚至還花了不少錢，試過各大品牌的保養品，但效果卻仍是有限，問題到底出在哪裡呢？

其實很有可能是飲食出了問題。前一篇有提到，生活型態、飲食習慣與肌膚好壞息息相關，更準確一點說，想要擁有好的膚質與吃進肚裡的食物及身體內臟的運作都是有很大的關聯的！

人體的所有部位都是由細胞組成，皮膚也不例外，細胞的代謝過程中會堆積自由基，而自由基需要適度及即時的被代謝掉，如此才能讓身體保持健康的狀態。而為了促進身體自由基的代謝及提供合成細胞的原料，均衡攝取多元營養素，就非常重要，因為這樣人體才能維持平衡，進而達成皮膚的健康。

｜天天五蔬果，多元攝取植化素，有助肌膚維持良好狀態

無論是要對抗皮膚或身體機能老化，方法之一就是多元攝取各種植化素（Phytochemicals），因為植化素具有中和自由基的效果，也就是抗氧化力強，能減少自由基對細胞的傷害，自由基減少，就會減少慢性發炎的機率，皮膚的狀態就會比較穩定。同時，植化素

本身對於人體的腺體能提供相當程度的保護作用，會讓腺體分泌變得比較平衡。換句話說，各種植化素充足，黑色素細胞同樣會比較穩定，膚色就會變得比較白皙，而細胞角化的速度及荷爾蒙的平衡也會比較正常，整個皮膚就會變得有光澤。

此外，現代人因飲食不正常，也常有便秘的問題產生，如果深受便秘困擾的人，那就真的要從改變飲食著手，特別是便秘也會影響膚色，還會讓人容易長粉刺、痘痘。因此世界衛生組織（World Health Organization, WHO）推廣「天天五蔬果」，就是建議要攝取不同顏色的植化素。

三種菜　　　　　二種水果

攝取植化素，有兩件事需要提醒。首先，是要多吃蔬菜而不是水果，因為蔬菜的植化素含量大於水果，加上太甜的水果有過多的糖分，要攝取植化素，絕對是蔬菜優於水果。同時也不建議打成蔬菜汁飲用，避免蔬果中的膳食纖維流失。另外，植化素裡有一個稍微比較特別的營養素，也就是胡蘿蔔素，在攝取上也要注意。胡蘿蔔素本身是一種脂溶性的植化素，人體無法自行合成，攝取過量會造成皮膚、手腳變黃，稱作「胡蘿蔔素血症」（Carotenemia），

為血液中胡蘿蔔素過多所致，包含 α 胡蘿蔔素、β 胡蘿蔔素、番茄紅素和葉黃素等，當沉積在皮膚時，就稱為胡蘿蔔素皮膚沉澱，並使臉、手掌、腳掌看起來比平常黃，儘管對健康有益，但適量就好而不要過量。

｜每天吃益生菌真的有效嗎？

比較重要的就是纖維素（Cellulose），纖維素本身具有整腸的效果，能有效的增加大腸裡面的益生菌。益生菌大家應該耳熟能詳，我想它的好處也不必再多說，吃益生菌現在更是大人小孩、男女老幼都在攝取的一個全民運動了。但在吃益生菌的同時，想帶大家思考兩件事。

第一件事，就是每天吃益生菌真的有效嗎？還是只是「有吃有保庇」？

第二件事則是在前篇 1-4 中有提到，益生菌本身就是大腸裡面應該會存在的正常菌種。既然已經有了，為什麼日常生活還要額外補充？又為什麼腸道裡的益生菌會不足，非得要額外補充呢？

答案很簡單，主要是不均衡的飲食習慣而導致腸道內環境不適合益生菌生長，此時直接補充益生菌，效果絕對沒有預期來得好。

我們吃進去的益生菌，進到大腸前的第一道關卡是胃酸。胃液中的胃酸 PH 值約為 2.0（PH 值範圍為 0.8 至 3.5），具有很強的殺菌功能，幾乎會把細菌全部殺光，然而僥倖殘存的益生菌還要面臨第二道關卡，也就是膽鹽、膽汁。膽汁對於脂肪的消化和吸收具有重要的作用，而膽汁中的膽鹽、膽固醇和卵磷脂等可降低脂肪的表面張力，使脂肪乳化成許多微滴，利於脂肪的消化，它們同樣也

是具有殺菌效果。在歷經了這樣的過程，剩下為數不多的益生菌來到了小腸，但是小腸並非是益生菌最終要生存的所在，因為一般而言，小腸不太會有菌，菌落主要在大腸。這也是為什麼有些廠商會藉由技術專利，以晶球的特殊包覆方式來保護益生菌，就是希望能夠留存更多的益生菌，並將它們順利送到腸道。

看到這邊，大家不妨想像一下，倘若把益生菌當成是要登陸月球的我們，而廠商的特殊晶球包覆，就像是尖端科技設計出來的登月小艇，載著我們登陸月球探尋新生活的登月小艇，一路上得先躲過很多隕石、穿越大氣層，克服重重難關才抵達了月球。沒想到，當小艇順利登陸，打開太空艙，卻發現月球周遭的環境無法讓自己存活下來，即便費盡千辛萬苦抵達，卻也無法生存，很快便死亡了。

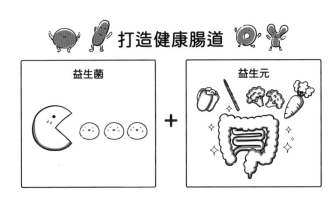

看到這邊，大家理解了嗎？我們不斷補充益生菌，反覆吃、量也吃得不少，然而即便有晶球的包覆，讓益生菌能夠穿越重重困難，抵達了大腸，但大腸卻沒有適合它生存的環境，原則上吃這個益生菌效用也有限，即使有，也是事倍功半的短暫效果。

｜充足的纖維素有助打造適合益生菌的良好腸道環境

這時就該反過來想，益生菌本就應該在人體的大腸裡面自然增生，為什麼腸道會不適合益生菌生活？主要就是腸道環境的問題！那環境要怎麼去改善？還是跟飲食，以及有沒有充足的植化素及纖維素息息相關。

除了植化素外，纖維素能夠提供益生菌一個生長環境讓益生菌可以好好生長，所以補充蔬菜粉是必要的，假使腸道的環境、腸相沒有改變，補充再多的益生菌都事倍功半，因此大前提是，先得好好的補充纖維素，甚至有充足的植化素，營造讓益生菌能夠自然生長的環境，在這樣的情況，甚至不見得要額外補充益生菌，腸道就會充滿有益健康的益生菌。

當纖維素補充足夠，腸胃道自然能蠕動正常，上廁所也會順暢，排便本身也是一種排毒的過程，能夠把毒素快速的清理並排出體外！如此下來，就不會因為毒素累積而造成皮膚暗沉或蠟黃的問題產生。均衡的飲食，特別是植化素與纖維素的補充，是能否擁有光澤美肌的根源。根據醫學實證，研究指出，體內若有充足的植化素及纖維素，不僅能改善頭皮屑，就連蕁麻疹也能有效改善。

大腸跟皮膚是互為表裡，NG 食物會引發慢性發炎，全身性的慢性發炎會加速老化，而皮膚表層的慢性發炎會形成所謂的敏感肌，所有的一切都是環環相扣的！

｜日常吃的蔬菜量確定纖維素攝取足夠嗎？

不過，額外補充纖維素僅僅是當中的一個解決方法，我們該追本溯源的去思考，為什麼我們的腸道不適合益生菌生長？才能從根本解決問題。

打個比方，就好像日本長崎、廣島在原子彈的**轟**炸後，經過後天的努力，可以再度把居住的環境重塑起來，但是若將場景移到撒哈拉沙漠，不管怎麼努力，仍都是渺無人跡，因為沙漠本身就不適合居住嘛！因此若能改善腸道的環境，益生菌自然就能在裡面順利生長，此時再適度補充益生菌，才能達事半功倍之效。

不過在看診時，常常會有病患跟我說：「那王醫師我就多吃蔬菜就好啦！蔬菜粉還是比不上蔬菜吧？」這當然沒有錯，我是非常鼓勵多吃蔬菜的，而蔬菜粉則是提供了一個讓大家可以快速且充足的攝取到所有植化素的一個選擇。

對忙碌的上班族來說，平時要攝取多種蔬菜的選擇其實並不多，像是去麵攤點了乾麵，多半會加個燙青菜，但青菜的種類不外乎是番薯葉、空心菜、豆芽菜，上頭再拌點滷汁、肉臊調味，這樣的攝取方式表面是吃了蔬菜沒錯，但其實這只算吃了「一種」，基本上對於要攝取多元植化素來說是大大不足的。

除了外食之外，也有不少人會選擇下廚，去市場採買不同種類的蔬菜，這也是不錯的選擇，不過近來環境污染的問題嚴重，許多土壤潛藏著重金屬的污染問題；除了土壤的問題之外，還有灌溉用水被污水排放因而污染的問題，裡面多少含有化工廢料。同樣的，這些化工廢料也都會沉積在土壤裡面，透過植物的生長，而影響整個生態鏈，再經由植物的食物鏈傳送到人體裡面，並將污染毒物沉積其中，這也是一個需要正視的問題，更別說還有農藥及施肥過量等問題存在。

也許有人會說，「蔬菜我都選有機的，不會有污染問題！」但在烹調的過程中，植化素只要超過 45 度 C 以上就會被破壞，一旦植化素被破壞，基本上吃進去的植化素所能提供的保護 CP 值便變得很低。另外像是用水燙青菜，在水煮的過程中，植物裡面的一些微量元素也會融在水裡，沒有辦法有效被人體攝取。

那生菜沙拉呢？沒有經過高溫烹調破壞營養素的有機新鮮蔬菜總可以吧！當然可以，生菜沙拉可以說是能夠攝取植化素的最佳方式，不過，前面已談過蔬菜栽種過程的問題，再來就是生菜如何清洗？有沒有洗乾淨？比較常見的案例就是沒有洗乾淨的生菜沙拉直接下肚，殘留的生菌數很高，其中包含了大腸桿菌或沙門氏菌等，幾乎每隔一陣子，包含像是習慣吃生菜的歐美國家，也都會遇到類似這樣清潔不完全的細菌感染的情況。

┃透過專利蔬菜粉，輕鬆完成植化素及纖維素補充

綜合上述的因素，我會建議挑選市面含有多種蔬果、零添加及不含防腐劑的蔬菜粉，以方便食用的蔬菜粉形式來補充日常攝取不足的植化素及纖維素，讓每一個人既可享受美食又可讓身體健康，並得到蔬菜該給人體的植化素保護。

至於這樣類型的蔬菜粉有什麼特別之處呢？蔬菜粉本身就含有植化素跟纖維素這兩項重要的營養素，纖維素可以架構形成糞便，有效吸附食物中的有害物質及體內毒素，並同時促進腸道蠕動，讓體內的糞便能快速排出，不會殘留在腸道內。由於糞便是食物在體內營養素被攝取完後的殘渣，可想而知，它的自由基跟毒素的含量及濃度是非常高的，濃度高的毒素在接觸大腸的黏膜細胞久了之後，黏膜細胞就會產生不正常的增生，就是所謂的「息肉」，日積月累，息肉若再持續受體內毒素的干擾，就有可能會產生細胞病變

癌化，變成大腸癌。至於植化素扮演的角色是中和自由基和毒素、纖維素扮演的角色則是吸附有害物質，增加腸道蠕動，以縮短糞便及毒素停留在大腸的時間，如此就能減少息肉增生以及大腸癌變的可能。

除了纖維素、植化素之外，好的蔬菜粉產品中也應含有酵素。由於是採用低溫淬鍊的方式，植化素都沒被破壞；而為了防止重金屬污染的問題，更是要挑選有經過逐批檢驗，且檢驗項目包含農藥、西藥、重金屬等，確保沒有有害物質殘留的產品。在檢驗結果上除了確保沒有有害物質外，也須留意這項產品經由 SGS 檢驗其中所含的植化素、微量元素的效價強度（Potency），是否也標示且說明得清清楚楚，這樣才能真正確保吃進肚子裡的東西是有益健康

草本淨酵飲

的。若是再加上零添加物、低卡路里，那就可說是天然的植物醣類攝取來源，不用擔心造成身體負擔。

更重要的是，纖維素會提供良好的環境讓益生菌增生，當纖維素越多的話，益生菌就可以繁殖越多，益生菌繁殖的越多，就能穩定免疫系統，不管是小朋友常見的過敏，或是像異位性皮膚炎、蕁麻疹等症狀就能獲得改善。同時，慢性發炎、老化等情況也會減少發生。某些益生菌還具有類似升糖素的效果，可以抑制食慾減少飢餓感，進而達到瘦身的目的。

植化素可說是上帝給人類最重要的寶物，主要功能在於可以清除我們的自由基，對於比較容易長息肉體質的人來說，植化素與酵

素的攝取更是重要，這兩者可以中和自由基，形成一層保護，讓黏膜細胞不會產生息肉，或者是息肉透過植化素也可以降低癌變的機率。

大家不妨回頭想想，自己是不是為了健康而吃了大量的蔬菜，然而效果卻是有限呢？

「You are what you eat。」（人如其食），說的就是這樣的道理，光澤美肌養護之道，就從正確飲食開始吧。

DR. SHINE
劃重點

Point 1 要擁有好的膚質與吃進肚裡的食物及身體內臟的運作都是有很大的關聯的。

Point 2 對抗皮膚或身體機能老化，必需攝取多樣且充足的植化素。因為植化素能夠中和自由基形成保護屏障，一旦自由基下降，肌膚就會趨於穩定外，植化素對皮膚腺體還有相當程度的保護力，能夠幫助皮膚腺體的狀況平衡，同時也能幫助膚色明亮、黑色素活性下降、角化狀況變好，賀爾蒙也會穩定。

Point 3 植化素之外，纖維素也是重要的一點，整腸將能促進益生菌的增長，並穩定免疫系統。

Point 4 為了避免植化素、纖維素及酵素等關鍵營養素攝取不足的情況，同時也協助腸道建立有益益生菌生長的環境，不妨每天補充「草本淨酵飲」，這個含有 39 種蔬果、不含防腐劑、添加物，及通過多項檢測認證的蔬菜粉，輕鬆完成直接吃蔬菜所無法達到的效果。

狐臭　汗臭　老人味　荷爾蒙　1-7

解決體味問題，
要從肌膚著手

　　在炎炎的夏日裡，坐上捷運，或者擠上公車或火車，往往門一打開，五味雜陳的味道迎面撲來，這些氣味混雜著不同的體味、化妝品的味道、香水的味道，甚至食物的味道，著實讓人難受。更別說，在擁擠的大眾運輸上，總會不可避免的與其他人近距離接觸，難免會聞到別人身上散發出來的體味。

　　事實上，體味一直以來是一個在社交中會著重的議題，也許有人會納悶，這本書不是在講肌膚嗎？怎麼又會牽扯到體味？這是因為體味的形成跟皮膚其實也是息息相關的。

｜想改變體味？先了解體味產生的原因吧！

　　每個人會因為飲食習慣、性別、身體健康狀況的不同而有不同的體味，體味的來源，除了自己身體本身的味道，再來就是汗水。

　　汗水是由汗腺而來，而汗腺分為小汗腺（或叫外分泌腺）和大汗腺（或叫頂漿腺）兩種，與皮脂腺、角質，還有從正常菌叢代謝出來的表皮菌，綜合起來就會形成個人的味道。有些人會試圖要改變個人的味道，或是強化自己的味道，會使用香水或化妝品，做為個人風格的一個展現。

　　因此味道並不是不能改變的，要讓味道改變，可以分成為主動

跟被動兩種方式：主動的方式可從飲食來改變身體味道；至於被動的方式，則是運用一些高科技，像是腋下多汗、狐臭問題等讓人感到困擾的味道問題，就能運用高科技手術來改變。

｜體味並非一成不變，隨年齡增長而有所變化

體味與代謝產物及飲食結構脫離不了關係，飲食會型塑一部分身體的味道，至於身體代謝以及細菌代謝則是透過飲食提供原料，在代謝的過程中，便會開始產生不同的分子以形成氣味。而這些不同的分子再經過細菌的二次加工代謝之後，又變成另外一種物質，這些產物綜合加總起來就形成我們自己獨有的味道。

一般而言，體味並非一成不變，會隨著年齡增長，大概會分成三個階段。第一個階段就是青春期以前，第二個階段就是青春期以後，大概 15 到 40 歲，第三階段在 40 歲以後。

● 青春期前（1 ～ 15 歲）的味道單純

青春期以前的味道，相較之下是比較單純，主要的氣味來源就是以小汗腺為主，由於那時皮脂腺分泌也不旺盛，角質細胞在角化

的過程中也非常順暢，加上皮膚細菌的正常菌叢相對也都比較單純，除非有被感染，不然的話所產生的味道基本上是單純的，主要是以尿素跟胺基酸為基底的味道。當然飲食本身也會影響，假使流很多汗時，難免會產生一些像阿摩尼亞的汗臭味。

● 青春期後（15 ～ 40 歲）費洛蒙開始變化，產生個別化的體味

在青春期之後，荷爾蒙會讓頂漿腺，也就是大汗腺產生質變，分泌出所謂的費洛蒙。眾所皆知，費洛蒙是用來吸引異性，好引起他們的注意，因此在第二階段，也就是 15 到 40 歲這個階段，費洛蒙就會開始發揮它的效果了。

費洛蒙本身不僅有味道，味道還比較重。先前有提過荷爾蒙會去影響皮脂腺的分泌，而皮脂腺所分泌的皮脂，跟頂漿腺分泌的費洛蒙又跟攝取的食物有關係，也就是說，常常吃咖哩就會產生帶有一點咖哩味的費洛蒙，或者是帶有一點咖哩味的皮脂；而費洛蒙及皮脂這兩個東西所分泌出來的產物又成為提供表皮菌營養的物質，那表皮菌本身代謝的產物又有味道，所以過了 15 歲以後，每個人身上的體味，所顯現出來的差異性就會比較大囉！

在孩童時期，小朋友們天真活潑的跑來跑去，即便飲食有點影響，但不論是男生女生其實味道差異性不大，可是當進入青春期以後，每個人的體味就有越來越大的差異了，就是這個原因。

簡單的說，頂漿腺、皮脂腺以及皮膚角化的速度都會受賀爾蒙影響。頂漿腺受荷爾蒙影響就會產生費洛蒙，而皮脂腺受影響會產生更多的皮脂，比如說有些人生理期會特別容易長粉刺和痘痘，皮膚角化的速度受到影響，會使得角質細胞開始過度堆疊，產生出大量角質細胞的味道。

受到飲食的干擾及影響，費洛蒙又會進而產生不同的味道，而皮脂本身就有味道，當你又吃太油的東西，造成皮脂分泌增加，影響皮脂和味道，且角質細胞、費洛蒙跟皮脂又是細菌營養的來源，進而改變皮膚的正常菌叢，其代謝的產物又產生其他的味道。在這幾個因素綜合交錯影響下，因此你自身的體味會隨著你的飲食習慣及賀爾蒙，最後使得在不同階段及不同的年齡，產生個人的味道。這也是為什麼有的人味道輕，有的人味道重，甚至還有「人未到味道先到的差異」，像是狐臭等問題。

● 年過 40 為什麼會產生老人味？

除了汗臭、狐臭以外，40 歲以後由於代謝力開始下降，皮脂腺的功能也會開始下降，進而對脂肪酸的代謝就會開始產生代謝不完全的情況，而出現 2-壬烯醛（2-Nonenal），基本上就會產生一股油膩味，所以就會常常聽到有人說，中年大叔會有一種油膩感跟油膩味，就是這個道理的。而這種情況，在日本稱為「加齡臭」（かれいしゅう），指的就是狐臭以外，隨著年齡增長而自然出現的一種體味問題，也就是「老人體味」。

加齡臭的成因，就是人體的皮脂一旦與汗水、老廢角質與

Omega-7 脂肪酸（棕櫚油酸和異油酸）形成氧化作用，就會氧化變成 2-壬烯醛（2-Nonenal），當這種物質與皮脂腺分泌的脂肪酸相結合，再被細菌與微生物分解後就會產生臭味。隨著年齡的增加，2-壬烯醛會因為皮脂腺代謝的速度趨緩而越來越重，老人味也就會越來越重，若再混著自己身體的味道，就會在不同部位，散發出不同的老人味。

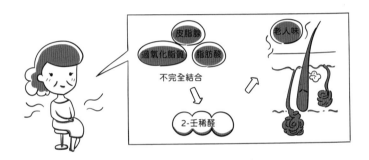

過去一般都認為加齡臭是中老年男子才有的專利，事實上女性也會有，原本在生理上男性比女性皮脂量更高，女性體內的荷爾蒙會抑制皮脂分泌，因此男性比女性更容易出現體臭，但 35 歲以上的女性因女性荷爾蒙分泌開始減少，男性荷爾蒙開始活化，也會造成皮脂增加，產生所謂的加齡臭。

加齡臭不止是難聞，也是身體健康出狀況的警訊，那麼又該如何避免？

基本上，大概只能透過飲食的間接方式去做調控，配合適度的運動去活化身體的機能以降低味道；而在順序上，飲食又比運動重要。若進一步分析飲食的注意事項，還是建議要多吃蔬菜，而且蔬菜的攝取量必須大於水果，就如同前一章節所提及，蔬菜含有很多的植化素，可以抑制發炎，而老化就是一個慢性發炎的結果，植化

素可中和自由基減緩老化，並提升皮脂腺的代謝速度，所以蔬菜絕對要多吃一點。

當然，纖維素也蠻重要的，纖維素同樣也是透過腸道內的益生菌去調控汗腺減少脂肪酸及活化汗腺皮脂腺的功能，若能夠減少脂肪酸或是高醣類的攝取，就有機會大幅度的減少老人味。

體味與皮膚是息息相關的，多攝取抗氧化效果良好的食物，就能改善加齡臭！

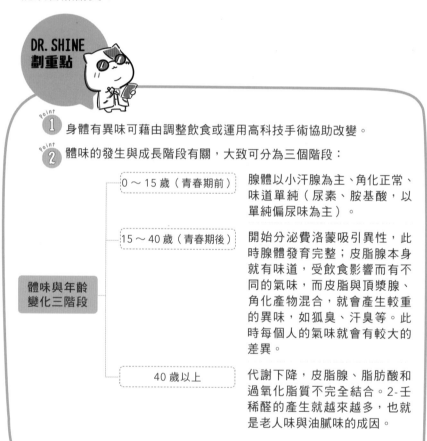

DR. SHINE
劃重點

Point 1 身體有異味可藉由調整飲食或運用高科技手術協助改變。

Point 2 體味的發生與成長階段有關，大致可分為三個階段：

體味與年齡變化三階段		
	0～15歲（青春期前）	腺體以小汗腺為主、角化正常、味道單純（尿素、胺基酸，以單純偏尿味為主）。
	15～40歲（青春期後）	開始分泌費洛蒙吸引異性，此時腺體發育完整；皮脂腺本身就有味道，受飲食影響而有不同的氣味，而皮脂與頂漿腺、角化產物混合，就會產生較重的異味，如狐臭、汗臭等。此時每個人的氣味就會有較大的差異。
	40歲以上	代謝下降，皮脂腺、脂肪酸和過氧化脂質不完全結合。2-壬稀醛的產生就越來越多，也就是老人味與油膩味的成因。

Point 3 運動之外，多攝取抗氧化效果良好的食物，如富含植化素及纖維素的蔬菜，可改善加齡臭。

清水 1-8

想要養成光澤美肌，不該做的事：
洗臉篇

前面分享了關於肌膚的基本構造，也讓大家了解有哪些因素會左右肌膚的健康，在這一篇，我要分享的則是，想要養成光澤美肌，又有哪些 NG 行為及注意事項。

首先，從日常最重要、也是最基本的洗臉開始。

洗臉看似簡單，其實背後的學問很大，就拿洗臉為什麼重要來說，因為清潔是肌膚保養的第一步，也是最重要的一步！清潔可說是保養的基礎，正確的清潔才能做好後續的保養。

一般人在洗臉時容易有的 NG 觀念：

「我的臉很油，就該多洗幾次臉，才能把多餘的油分洗掉！」

「要用熱一點水，才能確保去除臉上髒污！」

還有就是：

「要用力擦臉，才能把污垢擦掉，臉也才會乾淨，所以洗臉之後，還要常常搭配磨砂膏使用。」

基本上上述這三種常見的情境，都是錯誤的觀念哦。

NG行為 1 臉油就洗臉、水要熱才能去油、用磨砂膏更乾淨！

　　先來講講洗臉的次數。正常來說，洗臉的頻率大概是 1 天 1 ～ 2 次，不要超過 3 次，這樣就很足夠了，並不是說臉油就該拚命洗。

　　洗臉水的溫度，有一派的說法是支持冷一點的水可以收縮毛孔，而另一派的說法則是認為水溫要熱一點才能夠洗淨髒污。但事實是過冷過熱的水溫都會傷害皮膚。

32-36度
洗臉水溫

28-30度
收斂毛孔

　　比較適合洗臉的溫度，大概是 32 到 36 度之間。假設你的肌膚偏油，水溫不妨可以調高至 38 度，同理可證，若想要收斂毛孔，水溫則約莫在 28 至 30 度就可以了。另外，洗臉的時候，手勢保持輕柔，千萬不要用力搓，以免傷害肌膚。

　　至於磨砂膏，基本上皮膚科醫師不會鼓勵使用的，雖然磨砂膏有去角質的效果，但同時也會損傷皮膚；用磨砂的方式去代謝廢棄的角質時，萬一臉上有青春痘或粉刺，一摩擦到就很可能會誘發發炎，或加重發炎的情況。除此之外，個人膚色倘若比較暗沉，甚至有肝斑、褐斑，摩擦的這個動作就有可能會增加黑色素細胞活性，反而容易達到反效果

　　解釋完三個關於洗臉的迷思，接下來談清潔用品的選擇。

NG 行為 2 用清潔力強的洗臉用品才能把臉洗乾淨！

在一般正常的情況下，我都會鼓勵用清水洗臉就可以了，不過由於現在空污嚴重，大部份的人多會使用卸妝油、卸妝膏來強化清潔。假使是這樣的情況，想要洗淨力強一點的話，適度的使用界面活性劑是沒問題的。

相反的，含皂性的清潔用品反而不鼓勵使用。先前網路上有個說法，用來洗衣服的水晶肥皂由於洗淨力特別強，可以用來對付容易出油的痘痘肌，這不僅是錯誤的觀念，還可能會洗出問題，甚至越洗越油。

我會這麼說是因為皮膚本來就有自我防禦跟修復的能力，一旦使用含皂性成份強的清潔用品洗臉，過度清潔後肌膚會容易出現所謂的代償性出油，因此在選擇洗臉皂或是清潔用品時，倘若自己的肌膚是偏中性或甚至是敏感性肌膚的話，盡量不要選擇含皂性的產品，而是要挑選含輕柔的界面活性劑，甚至直接用清水洗臉就好了。

不過光用清水洗臉，有些人不免還是會擔心洗不乾淨，畢竟每天出門前有擦防曬，或者是上妝；這種情況下，建議選擇乳霜等級，並含有溫和界面活性劑的清潔用品。在洗臉步驟上，還是先使用清水洗臉，並用潑洗的方式，然後再輕輕的按摩臉部 2、3 次。

要如何判別臉究竟有沒有洗乾淨呢？其實很簡單，不管是用清水、肥皂、界面活性劑或是洗面乳，只要洗完臉後，再用衛生紙、化妝綿稍微擦拭一下臉部的皮膚，如果擦拭的結果，衛生紙或化妝綿上頭還有一些餘粉殘留，或者一些黑黑的東西，就表示沒有洗乾淨。相反的，若衛生紙或化妝棉上面沒有其它髒東西的話，就表示是洗乾淨的狀態。

假使這樣的清潔仍是不夠乾淨的話，這時可以適度的再用溫和的清潔乳液做為輔助洗臉。至於該不該使用卸妝油或卸妝膏？基本上除非是化濃妝，或者是所使用的防曬品的 SPF 濃度很高，也就是比較偏物理性、親脂性的防曬，才需要使用。

在正常的情況下，一般洗臉用的界面活性劑洗淨力就足夠了，不見得需要用到卸妝膏或卸妝乳，若用化妝棉稍微再擦拭一下臉部，如果還有餘粉殘留，下次使用這一款防曬或 BB 霜時，就需要先卸妝再洗臉。

若是洗完臉，用化妝棉擦一下臉後，已經沒有什麼化妝品殘留的話，就表示現在所用的洗面乳的界面活性劑就已經足夠，就不鼓勵再用卸妝乳或卸妝膏過度清潔了。

　　總結來說，洗臉的 NG 行為就是清潔次數太多、水溫太熱或太冷，或者在清洗的時候，太過用力地搓揉，甚至使用磨砂膏，這些都是不應該做的事情喔。

如果是敏感性肌膚的人，有時候難免還是會化濃妝，要注意的是濃厚的妝，若沒有卸乾淨的話，就有可能會讓症狀惡化，這時建議使用鈍性卸妝油。至於什麼是鈍性卸妝油，後面的章節再解釋得更加清楚。

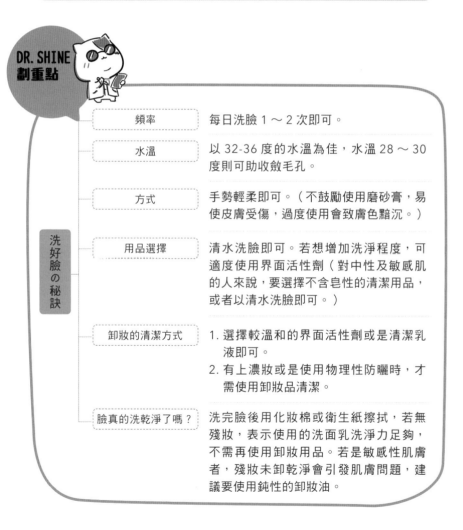

DR. SHINE 劃重點

洗好臉の秘訣

頻率	每日洗臉 1 ～ 2 次即可。	
水溫	以 32-36 度的水溫為佳，水溫 28 ～ 30 度則可助收斂毛孔。	
方式	手勢輕柔即可。（不鼓勵使用磨砂膏，易使皮膚受傷，過度使用會致膚色黯沉。）	
用品選擇	清水洗臉即可。若想增加洗淨程度，可適度使用界面活性劑（對中性及敏感肌的人來說，要選擇不含皂性的清潔用品，或者以清水洗臉即可。）	
卸妝的清潔方式	1. 選擇較溫和的界面活性劑或是清潔乳液即可。 2. 有上濃妝或是使用物理性防曬時，才需使用卸妝品清潔。	
臉真的洗乾淨了嗎？	洗完臉後用化妝棉或衛生紙擦拭，若無殘妝，表示使用的洗面乳洗淨力足夠，不需再使用卸妝用品。若是敏感性肌膚者，殘妝未卸乾淨會引發肌膚問題，建議要使用鈍性的卸妝油。	

1-9

想要養成光澤美肌，不該做的事：
保養篇

講完洗臉，再來講講一般人洗完臉後多半會擦保養品，那在保養品方面，又有哪些事不該做呢？

小時候，我的房間就在父母房間的隔壁，每天晚上約莫9點、10點時，就會聽到鄰房傳來清脆的「啪啪啪」的拍打聲，我就知道母親準備要上床就寢了，拍打聲的來源，就是她在睡前上保養品的聲音。

NG 行為 1 用拍打方式才能讓肌膚吸收保養品

其實不單是我的母親，相信很多人在上保養品時，都會用拍打臉部的方式好讓保養品吸收，其實，這就是想要養成光澤光肌不該做的事情之一。

在擦保養品的時候，之所以會有拍打習慣的養成，多半是「拍打」這個動作被誤認為是一種施加壓力的方式，透過壓力能讓血管擴張加速以加速保養品的滲透及吸收。但是，事實卻是適得其反，保養品並不會因為拍打這個動作而增加滲透或加強吸收，反而可能

會引發皮膚的慢性發炎，增加了黑色素細胞的活性，反而讓皮膚變得暗沉。

因此，正確擦保養品的方式，或者說是手勢，儘量以輕柔的方式進行，然後再以舒服為前提，適度做一些淋巴按摩就 ok 了，千萬不要用力拍打。

正確擦保養品

NG 行為 2 　勤勞的去角質，皮膚才會透亮

另一個在保養上不該做的事──勤勞的去角質。在前篇 1-1 節裡有提到，角質層跟角質層之間的細胞就像磚塊般排列，而角質細胞跟細胞之間，則存有一些脂肪跟保濕因子如同水泥，這些水泥的特別之處在於「具有自我代謝的能力」，也就是說，角質層本身就能自我代謝。如果過度去除角質，除了會降低角質的防禦力與保濕力外，還有極大的可能會增加過敏的機率。同樣的，在引發過敏後，接著而來的就會是慢性發炎。

的確，角質堆積是美白的困擾之一，適當去角質也確實可以促進黑色素代謝。但是，過於頻繁去角質反而會使角質層越變越薄，肌膚的耐受性和鎖水性減弱，受到紫外線和外界侵害的可能性就更大，這樣只會使肌膚越變越黑。

麥拉寧黑色素本就會透過角質的代謝過程連帶的被代謝掉，可以說，在正常情況下，隨著正常代謝週期，麥拉寧黑色素會隨著老廢角質細胞代謝脫落，不需倚靠過度的去角質行為來強制代謝。

正確答案是28天唷。

講到這裡，做個小測驗，大家還記得我分享過肌膚的每一層代謝周期是幾天嗎？

大家知道正確去角質的頻率了嗎？也就是一個月最多不要超過一次，過度去角質容易造成不必要的併發症，不僅會使肌膚變得較為敏感，導致次發性感染，甚至提高閉鎖型粉刺形成的可能，就算臉皮再厚，真的一個月一次就好了。

去角質，一個月一次

NG行為 3 用噴霧型礦泉水超方便，噴一噴就能保濕

許多人會在洗臉後擦化妝水保濕，其實化妝水的學問不小，分成廣義及狹義；廣義的化妝水琳瑯滿目，包含爽膚水、柔膚水、緊膚水、保濕水等。

至於一般狹義的化妝水，在皮膚專科的定義為具有控油跟二次清潔的功能，因此從狹義的化妝水定義延伸，就不難知道，洗完臉

之後要強化控油及想要徹底清潔一些聚集在深層毛孔、不易清潔的髒污的話，這時就該使用化妝水。更直白點說，一般化妝水，其功能很明確就是做為二次清潔跟收斂毛孔之用。

化妝水的功能，是清潔

為了達到深度清潔的效果，因此大部份化妝水都含有一些酒精類，甚至果酚類的成分，但這兩種成份就無法達到保濕效果的。

看到這裡，大家也許會很納悶，「王醫師，但我買的化妝水上頭明明標註了具有保濕效果啊？」

這是因為製造商在化妝水的成份裡額外加入了濃度稀釋過的玻尿酸或保濕因子，玻尿酸及保濕因子原本該是凝膠狀，加以稀釋便成為液態；而有些製造商甚至還將化妝水做成噴霧，產品訴求是強化保濕。當然我並非否定這些產品的效果，但單純就化妝水該扮演的角色而言，「保濕功效」不應該出現在化妝水這個階段。

市面上也有產品訴求是使用「活泉水」，原理是運用其所含微量元素來抑制發炎，基本上這一類的產品皆是屬於用來舒緩過敏症狀的。同樣地，這類噴霧型的礦泉水或是活泉水，並沒有含「鎖水」的保濕成分，因此是沒有辦法達到保濕效果的，只能用來作為短時間內的降溫跟鎮定，讓肌膚處於一個相對且快速穩定的一個狀態。

例如，夏天去墾丁玩到皮膚有點曬傷、變紅、感到灼熱的情況時，想要舒緩肌膚的不適感，或是鎮定發炎，這類含有微量元素的礦泉水／活泉水噴霧就可派上用場。不過在使用噴霧型活泉水之後，建議要適度擦一些保濕凝膠或乳液，作為鎖水之用，這樣才能真正達到持續性的保濕效果。

因此，不該做的事情就是將噴霧型的活泉水當成保濕用品，它並沒有保濕的功能。

NG行為 4　明星都天天敷面膜，努力給皮膚進補準沒錯！

接下來談談大家最常使用的面膜。

根據英國歐睿市調預估，2021年全球面膜市場規模達上千億台幣，其中，亞洲更是片狀面膜的最大市場。光是將台灣每年面膜產量堆疊起來，截至2019年底，高度可達10座101！台灣女性愛敷面膜的程度可是全世界排名第一的喔！其實不光是台灣女生愛敷面膜，中國近年來也已是面膜產銷量最大的市場，全球市占率將近一半，以知名女星范冰冰為例，她就是面膜愛好者，曾有報導指出她天天都在敷面膜。

面膜究竟可不可以天天敷？其實正確的疑問應該是：面膜該不該每天敷？

這原理就像是種植玫瑰花，只要適度的澆水跟施肥，玫瑰就會自然盛開；倘若你每天大量的施肥及澆水，很有可能會因太過營養反而導致玫瑰枯萎，甚至連根都泡爛了。因此，這個概念同樣的套

用在范冰冰身上，她長時間處在高壓工作中，又暴露在高溫的燈光與機器下，肌膚比常人更缺乏養分，對她而言每天敷面膜是適合她的保養方式，但並不代表每個人都有她這麼強韌的肌膚。

面膜是救急用的

既然是用來救急，那何時是使用時機？

當你發現自己的膚況不佳，但晚上有個重要的約會、明天有個重要的面試，或者是自己已經連續一段時間沒睡好，使得膚色變得非常暗沉或蠟黃，想要稍微呵護一下肌膚……諸如這樣的情況，就可以敷面膜，讓肌膚救急解渴一下。至於使用頻率，約莫一個禮拜一到兩次就可以了，不建議太過頻繁使用。

市售的面膜產品琳瑯滿目，功能也五花八門，像是保濕面膜、美白面膜、控油面膜等等，這些面膜裡都可能含有一些美白成分或是酒精，甚至有果酚、水楊酸，若太頻繁使用的話，其實對臉部肌膚而言太過刺激，若是長久刺激，也可能會讓肌膚變成敏弱肌。

不少人會邊敷著面膜、邊看電視，看著看著不小心就睡著了，忘了將面膜取下，第二天皮膚就大過敏，這類的患者，其實我們也遇過不少。因此會建議面膜大概敷個 10 到 15 分鐘就好了，千萬不要超過半個小時。時間到將面膜取下之後，也要稍微將留在臉部的精華液揉開、塗抹均勻。假使使用的面膜是功能性強、濃度較高的，

建議在敷完後，稍微再用清水洗淨，以減少對肌膚的刺激。

 電視專家推薦最新的保養成分，跟著流行就對了！

　　太過迷信於某種保養的成分也是 NG 的行為。對廠商而言，在行銷上必需要有話題、焦點，所以成分很容易變成消費者著墨的重點，但是，不管是哪一種成分，對於光澤美肌的養成，都不可能是一蹴可幾的。**保養的根本之道就是要循序漸進、按部就班，而且要學會觀察皮膚的狀態、聆聽皮膚的聲音。**

　　千萬不要市面出現什麼樣新奇成分就跟風，像是之前十分熱門的乳木果油、白藜蘆醇或杏仁酸等等，基本上單一成分是很難達到全面的效果。別忘了，我提過皮膚本身是一個變動的平衡，要去觀察它的狀況、聆聽它的聲音，才好做適度的調整。因此保養的基礎在於「清潔、保濕、防曬」這三個關鍵步驟，將這三個步驟紮實且正確執行的前提下，再適度的添加一些對肌膚加分的成分，這才是一個合適、正確的光澤美肌保養概念。

　　膚質的好壞是一個日積月累的結果跟平衡，即便是再珍稀、再好、再貴重的成分，也不適用於所有的肌膚，需要懂得「因肌適宜」；另外，保養品濃度夠不夠或配方比例正不正確，都會影響效果，基本上特殊成分是用來加分的，絕不是一個成分，也就是 All in One 就能涵蓋所有的問題並一步到位。還有就是，在進行保養程序時，保養品的使用數量盡量不要超過三瓶。

NG 行為 6 隨肌膚類型選擇保養品就好，短期肌膚問題不需換保養品！

　　另一個關於保養不該做的事情，就是長痘痘的皮膚不需要保濕，只需要加強清潔就好，這也是錯誤的觀念，但這部份要分析的學問比較多，容後再詳細補充。先給大家一些基本觀念就是：肌膚的油水狀態是類似翹翹板的平衡，無論是清潔、保濕、防曬皆可以用不同的方式、在不同的狀況下、擦不同的保養品與用不同的載體去平衡膚質，好讓它處於比較健康且具有光澤的中性肌膚狀態。

　　因此在進行保養前，應該先視當下的膚況，再去選擇及調整保養品，比如說最近痘痘冒得比較厲害，在保養品的選擇上，就可以考慮選擇有含茶樹精油成分的保養品；或是最近可能比較黑，在選擇保養品時，就可以挑具有美白效果的產品，以此類推。

長痘子、曬黑，都用同一個保養品　/　保養前要先視皮膚的狀況，選保養品

保養品的種類及數量不需要多，但若肯在過程及手法上面多花一點心思，會得到更多的回報。反之亦然，若是手法及過程錯誤，即便有心想要呵護肌膚，但用錯方法反而會適得其反喔！

　　肌膚保養是一個長期的過程，就像跑馬拉松一樣，能夠持續且持久，並做對保養的人，肌膚的好壞才會在日後見真章。

DR. SHINE
劃重點

Point 1　正確擦保養品的方式，或者說是手勢，儘量以輕柔的方式進行，忌用拍打方式。

Point 2　太過勤勞去角質易對肌膚造成傷害，去角質的頻率約莫一個月一次就足夠。

Point 3　化妝水的功能明確說，就是用來二次清潔跟收斂毛孔，不具備保濕功能。

Point 4　把面膜當成正常保養步驟的一環，這是錯誤的觀念，因為面膜主要的功能是用來救急的，過度使用，就像施肥過度，肌膚不僅不會吸收也會容易造成肌膚敏感。

Point 5　保養品訴求單一成分是很難達到全面的效果，由於皮膚是一個變動的平衡，要去觀察它的狀況、聆聽它的聲音，才好做適度的調整。

1-10

想要養成光澤美肌，不該做的事：
防曬篇

防曬是維持肌膚健康的重要工作，其重要性自是不言而喻，而要預防皮膚老化以及減少皮膚癌出現，最簡單、最重要的方法，就是防曬。

防曬最重要的是防止紫外線照射，特別是想要美白或淡斑，更是預防勝於治療，而防曬佔了肌膚美白 80% 以上的重要性，這在後面的章節會有更多的分享，此篇將先著重於一般人對防曬的迷思及誤解。

迷思 1 在有陽光的日子出門才需要防曬

大多數人對於防曬最主要迷思是：「只有人在室外才需要，在室內不需要防曬」或是「陰天不需要防曬、冬天也不需要防曬」。

事實上不論是不是在室內、是否是陰天或冬天，防曬都是必要的功課；尤其是

對於剛做完去角質或雷射手術後的人來說，防曬的力度更要加強。

　　在需要防曬的種種情境中，室內是最容易被輕忽的地方，尤其坐在窗戶旁更得防曬不可，這是因為造成曬黑的原因是受到不同波長的紫外線 UVA、UVB、UVC 的影響。簡單來說，UVC 大部分會被雲層反射出去，不太能夠完全進入大氣層，而能穿透大氣層的是 UVB 跟 UVA。相較波長，UVA 又比 UVB 長，UVB 比較難穿透窗戶，但 UVA 卻能穿透窗戶，因此在室內並不表示就接觸不到紫外線。另外，現在一些鹵素燈及日光燈也都已有研究顯示指出這些室內燈光具有光譜的存在，也會讓黑色素細胞的活性增加，因此即使是待在室內，盡可能還是要做一下防曬唷。

　　陰天的情況也是一樣，大部分的 UVA 跟 UVB 依舊會穿透雲層，並不會因為沒有太陽就沒有紫外線；雨天也是同樣的道理。至於冬天的話，大家會認為日曬時間短、溫度又低，便產生錯誤的想法認為不用防曬，同樣的，UVA、UVB 也是存在的，因此無論處在什麼樣的情況下，防曬皆是不可偏廢的基本功。

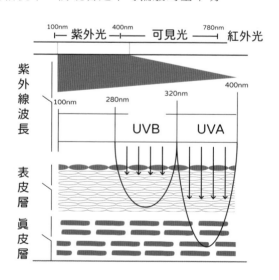

近來，台灣民眾很流行出國去滑雪，千萬別以為滑雪是冬天、太陽不大就不用防曬，由於光線有直射、折射、散射跟漫射及反射作用，即便沒有直接接觸太陽直射，雪地對光線的反射性反而是最高的，所以更要格外注意防曬。

也許有人會問，滑雪時全身包緊緊，甚至還戴了雪帽與護目鏡，這種情況下也需要防曬嗎？

我們要先瞭解，衣服多半不具防曬效果，具有防曬效果的是使用特殊材質所製成的衣服，也就是說，防曬衣大多數是在布料中加入防曬劑的防紫外線布料，也有一些防曬布料是利用陶瓷微粉與纖維結合，增加衣服表面對紫外線的反射和散射作用，以防止紫外線透過織物損害人體皮膚，但這類的衣物經過長時間穿戴，或者多次洗滌，漸漸的，防曬效果也會打折扣，所以還是要加強防曬。

無論處在什麼樣的情況下，防曬皆是不可偏廢的基本功，千萬別因日照變少或是在看不到太陽的情況下，就認為防曬可以省略。

 防曬要擦厚一點才有效！厚厚擦一層就可以撐整天

再來，防曬是不是擦越厚越有效？

目前所有的防曬測試皆是以塗擦約莫 2mm 厚度的防曬產品進行測試，可是在日常生活中，其實是不可能擦到那麼厚的程度。2mm 的厚度大概有多厚？就是 1 枚 5 塊錢硬幣的厚度，即便擦了這麼厚，也不可能讓這麼厚的防曬，完整鋪滿每一寸肌膚！而且這麼做會有什麼後果？過厚的防曬，會讓肌膚覺得悶，甚至若清潔不

當，會易引發毛孔阻塞、痘痘等問題。

因此，我會建議，與其塗抹厚厚一層的防曬，不如選擇 SPF 係數高一點的防曬，即使無法因完整涵蓋而效果打折扣，但整體的保護力還是會比較足夠。

那麼，防曬擦多久之後才會有效呢？

倘若是物理性防曬，大概 3 到 5 分鐘就會起效，使用物理性防曬就如同在臉部戴上一層面罩！而化學性防曬的話，大概是要 15 到 20 分鐘，所以一般會建議出門前，也就是早上洗完臉上完保養品後，不妨就順手把防曬擦一下，之後再開始化妝的順序。防曬要在化妝之前是因為上了妝後，就會難再擦防曬。

防曬產品應每間隔 2 小時重新塗抹，且當戶外活動造成流汗或從事水中活動時，更需隨時重新塗抹防曬，甚至應選用具有防汗及防水性防曬產品，但使用防水產品不代表延長保護，仍需每間隔 2 小時補擦。

 迷思 3 防曬＋隔離＋粉底，
All-in-One 產品一罐到底又快又方便

一個重要的觀念就是防曬最好要獨立做。很多人會認為所使用的 BB 霜、CC 霜，甚至於粉底液，也有防曬的成分，是不是只塗「含有防曬成分的底妝產品」就好，防曬就可以省略。

事實上，儘管這些底妝產品都有防曬效果，但是防護效果並不

強，特別是不少人為了講求方便或是快速，偏好選擇 All-in-One 的產品，但是要理解的是，針對防曬產品，政府是有嚴格規範的，也就是說防曬產品屬於藥妝，是要申請藥字號許可的。

市面上不少化妝品雖標榜成份防曬的功效，卻未必真的有防曬的功能，儘管有標示的產品，SPF 也多半落在 15 或 20，其實是不夠的，更別說沒有標示的產品，係數一定更低。另外，還會有種可能，這些產品所使用的材質成份並非政府規範的防曬材質，使用下來，不僅無法發揮防護效果，還可能對肌膚有所損傷。

迷思 4 曬傷的急救法，直接用冰塊冰敷才能快速降溫

曬傷怎麼辦？千萬不要用冰塊直接冰敷，因為直接使用冰塊冰敷若不小心，很容易讓肌膚處於一下曬傷、一下又凍傷的情況，反而加劇肌膚的脆弱狀態。而當曬傷程度已開始進入刺痛或脫皮的情況，就不要再使用肥皂，因為這時角質層已處於裂解的狀態。

要處理曬傷，第一個步驟是用冷水降溫，如果有刺痛或不舒服的狀態就純粹用冷毛巾、冰毛巾處理，千萬不要直接使用冰塊放在皮膚上冰敷。再來，就是要做好保濕，因為曬傷的肌膚第一個反應是變黑，再來就是開始脫皮，嚴重的話則是會起水泡！無論是哪一種情況，皆顯示角質層及角質細胞已受損，這時候保濕就很重要，除了保濕以外，還要盡可能多喝一點水，並補充電解質。

萬一嚴重到起水泡，就已是淺二級的燙傷，儘管不會留疤，還是要避免將水泡弄破，這是因為弄破水泡，若是處理不當有可能會引發感染。如果到達刺痛的情況，建議盡快就醫，即便在第一時間

已有降溫處理，若第二天還會刺痛就一定要就醫，通常這種情況就必須要有適度的藥物介入了。

迷思 **5** 防曬從小做起，嬰幼兒也要使用防曬品

根據衛福部的建議，在 6 個月以內的嬰兒，是建議完全不要防曬，至於 6 個月到 6 歲之間，其實也不用過度防曬，因為小朋友的成長需要陽光，尤其是對成長的必需營養素──維他命 D，陽光中的紫外線 UVB 便是幫助人體合成維生素 D 的關鍵。另外，在這個區間的孩子無需做太多防曬，也是怕太小的小朋友會誤食或不小心揉進眼睛而造成不舒服。

那麼小朋友該擦哪一種防曬才比較好？如果要為年紀大點的孩子選擇防曬品的話，會比較建議選擇物理性防曬，相對安全，就算不小心誤食或是揉進眼睛的傷害也小一點。

最後要叮嚀的就是，任何防曬產品皆無法提供 100% 的防護效能，並且無論塗抹多少防曬係數的產品，皆可能因流汗、出油、脫妝、擦拭或皮膚的代謝，造成防曬成分的效果遞減，**適時的補妝或塗抹才是落實正確的防曬方法！防曬絕不是擦了就有用，用對絕對比買對更重要。**

DR. SHINE
劃重點

1 要預防皮膚老化以及減少皮膚癌出現，最簡單也是最重要的方法，就是防曬。

2 不是沒有太陽就不用做好防曬，在室外、室內、陰天及冬天，甚至是雪地裡也都要做防曬。

3 與其塗抹厚厚一層的防曬，造成肌膚負擔，不如選擇 SPF 係數高一點的防曬，強化保護；同時，防曬產品應每間隔 2 小時重新塗抹，且當戶外活動造成流汗或從事水中活動時，更需隨時重新塗抹防曬，甚至應選用具有防汗及防水性防曬產品。但使用防水產品不代表延長保護，仍需每間隔 2 小時補擦。

4 不少底妝產品都訴求有防曬效果，但是防護效果並不強。政府對防曬產品其實是有嚴格規範，必須有要藥字號許可。

5 處理曬傷，第一個是用冷水降溫，再來，就是要做好保濕，若有水泡產生，勿讓水泡破掉以免感染；若有刺痛情況，最好就醫。

6 6 個月以內的嬰兒無需防曬，6 個月以上到 6 歲適度防曬就好，6 歲以上的孩子可選擇物理性防曬，相對安全。

Notes

CHAPTER

02

肌膚失去光澤的
成因與更多
肌膚的真相

2-1
油性肌與乾性肌的
成因及保養守則

　　第 1 章的內容是讓大家對肌膚的構造有初步的認識及了解，同時也讓大家知道肌膚主要會分成 5 種類型，在這裡幫大家複習一下，分別是：油性、中性、乾性、混合性及敏感性這 5 大類。

　　而在一般正常的情況下，肌膚應該是呈現出光滑細緻，並散發出光澤的樣貌，這樣的肌膚狀態，既不油也不乾，處於中性的肌膚。一旦保養工作沒做好，或者是保養過了頭、保養程序沒做對，都可能會讓原本是中性的膚質，慢慢演變成不同狀況的膚質。就像所有剛出生的嬰兒皮膚之所以那麼好、那麼粉嫩可愛，就是因為嬰兒的整個膚質狀態是處於一個平衡的情況。

　　在第 1 章裡，也曾提過膚質或膚況取決於皮紋、皮丘及皮膚整個分泌油脂的狀況，再加上汗腺分泌的汗水影響濕度，油脂是否平衡也很重要等種種因素交互作用，便會構成了一個生態環境，讓皮膚的正常菌叢得以平衡，皮膚才會產生光澤，並且健康。

｜膚質並非一成不變，保養及清潔過度都會讓肌膚產生質變

本節先讓大家知道中性的皮膚究竟在什麼樣的情況下，會產生質變？比較常見的不外乎就是保養過度、清潔過頭，導致中性肌膚漸漸變成油性肌膚。

同樣再複習前面所說，皮膚的表層是皮脂，皮脂下有 5 層的角質細胞，角質細胞就像磚頭，中間的水泥則是由保濕因子跟油脂混合而成。

當我們在洗臉的時候，水溫如果太熱、用來洗臉的肥皂皂性太強，或界面活性劑過強，就有可能把表皮層的皮脂洗掉。一旦洗過頭，皮脂腺便會接收到警訊，就會出現所謂的代償性出油。

這也是為什麼有時候剛洗完臉，臉會感覺有點繃繃的，隔個 10 分鐘之後，臉就會開始出油，甚至比洗臉之前還要油，就是這個道理。

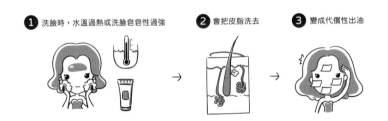

❶ 洗臉時，水溫過熱或洗臉皂皂性過強　　❷ 會把皮脂洗去　　❸ 變成代償性出油

表層的皮脂，有一個很重要的作用，就是要把水分，也就是保濕因子，牢牢封鎖在肌膚裡，而當表層的皮脂被過度洗淨，沒了這一層油脂的屏障，保濕因子就會容易蒸散，當保濕因子因蒸發減少了，原先磚頭跟磚頭之間的水泥品質就會質變，這樣一來，磚頭就

會變得不是那麼緊密堅固，甚至開始有崩裂的情形產生。

因此洗臉洗過頭，最明顯的情況就是臉部肌膚一開始摸起來會有一點粗粗、乾乾的感覺，再來更嚴重的情況，就會開始出現掉屑。因此針對油性肌膚的人，有時候反而不建議過度清潔，反而會強調清潔結束，要趕快強化水性的保濕。

也就是說，在保養品的選擇上，油性肌膚的人要挑選含有保濕因子，或是親水性較大的

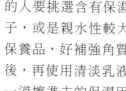

保養品，好補強角質細胞之間的連結強度後，再使用清淡乳液性的保濕產品，把第一道擦進去的保濕因子牢牢鎖住，這樣就能平衡肌膚，並讓皮脂腺會更加穩定，不會產生過度出油或代償性出油的情形。

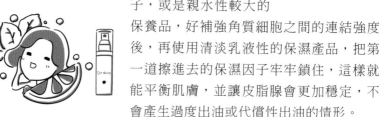

｜保濕沒做好易變成乾性肌膚

一般而言，就外觀來看，乾性皮膚受角化速度減緩的影響，讓皮丘皮紋變得不明顯，皮膚不僅較薄，毛孔也不明顯，容易產生膚質比較細緻的感覺。而另一個科學上的定義，當皮膚的角質層水分低於 10%、皮脂分泌量少，這樣的肌膚便會被歸類成乾性肌膚。

儘管乾性肌膚的膚質看似細緻，但由於它的皮脂比較少，光澤性自然就會比較差外，同時也因膠原的含水量不足，而缺乏彈性。在整體肌膚偏乾性的情況下，汗腺跟皮膚的濕度便會發生不平衡，導致肌膚上的正常菌叢隨之改變，肌膚的 PH 值就會稍微變成偏鹼性。因此，乾性皮膚如果不強化保養，之後演變成敏感性或敏弱性肌膚的機率就會變得非常的高。

　　乾性肌膚主要又分成乾性缺水跟乾性缺油這兩大類，白話點說，**無論是缺水或缺油，任一種情況的「缺」都會形成乾性皮膚。**

｜缺水性的乾性肌膚保養守則：外油內乾、要好好補水

　　首先，缺水性的乾性肌膚，角質跟角質細胞之間的水泥，當中的保濕因子不夠多，皮膚角質細胞間的鍵結力就會比較弱，由角質細胞砌成的磚牆厚度跟高度就會不足。由於本身就已經處在缺水的狀態，肌膚接收到訊息反而會開始分泌更多的油，這時候儘管是缺水，但**皮膚外表摸起來卻會有點油膩甚至泛出油光，至於內部還會出現繃繃乾乾的感覺，既油又脫屑，這是屬於外油內乾型肌膚。**

　　若發現自己的肌膚是屬於外油內乾型的乾性肌膚，在保養上，就得強化水性的保濕，也就是要強化保濕因子。

　　不過，因為許多人不了解成因，一發現肌膚出油，反倒會拼命的使用控油面紙吸油，或者是使勁往臉上塗抹更油膩的保養品，前者的作法反讓皮膚變得更乾，而後者的作法則是會讓肌膚反倒被油膩的保養品堵塞住毛孔，形成粉刺或痘痘，如此一來，不僅乾性肌膚的狀況沒有改善，還讓肌膚產生新的問題，既長痘又有粉刺。

　　由此可知，保養的程序跟順序出了問題就會造成上述的情形，因此針對外油內乾型的皮膚，最正確的保養之法，只有1個口訣：「**補水、補水、再補水**」，替肌膚補水才是一個關鍵。

　　好好的為肌膚補水，皮膚才會恢復原來的彈性跟健康的狀態，

畢竟膠原蛋白的作用，就是用來抓住水分的！水分補足的話，膠原蛋白束也會變膨大，這時候皮膚自然就會 Q 彈。切記，補水絕對是保養既重要又關鍵的第一步。

| 缺油性的乾性肌膚保養守則：
　清潔越簡單越好，基礎補水後再補強鎖水

　　第 2 大類則是缺油性的乾性皮膚。這一類型的肌膚，表面上看起來還好，也沒有緊繃感，但摸起來就會有點粗糙的感覺，這是因為表層的皮脂腺分泌相對的少，水分就不容易被鎖在肌膚裡所導致。

　　而這種缺油性的乾性肌膚，其特點就是細紋多，皮膚顯厚外，在缺油的情況下，肌膚就會顯得比較暗沉也比較沒有光澤，呈現外乾內乾的情況。

　　缺油性的乾性肌膚，補水仍是一個不可少的重要基礎，只不過補水以外，還要補油。之所以要這麼做，是因為剛剛有提到細紋多的緣故，所以在保養品的選擇上，除了補水基礎以外，還要選擇比較油的一個保養品，不這麼做的話，只是單純補水或補的油不夠，反倒會越補越乾。

　　如果單純只是用活泉水噴霧持續不斷的噴臉，一開始肌膚的確會有舒適感，但因沒有任何的鎖水能力，水分補得快、蒸散得也快，便容易會造成越補越乾的惡性循環。

　　像這一種皮膚，首先在清潔方面，要秉持越簡單越好的原則，清水洗臉就是一種好方式。若有上妝或是有擦防曬，則適度的使用一些不含添加物、皂性的溫和洗面乳。

洗完臉之後，記得在 3 到 5 分鐘之內，就要立即進行基礎的補水保養後，再擦一瓶乳液及加上一瓶較滋潤的精華液，這樣子才能把水份快速的鎖住不流失，並處於一個比較穩定的狀態。

水能載舟、亦能覆舟，正確的保養方法及程序真的很重要，既能維持光澤美肌，也能損害肌膚。

親水性精華液+親脂性乳霜

DR. SHINE
劃重點

Point
1　一般的肌膚應是處於中性狀態，既不乾也不油、光滑細緻並有光澤。

DR. SHINE 劃重點

Point 2 肌膚可分成 5 種類型,但並非一成不變,像保養沒做好、清潔過度等行為都可能會讓中性肌膚漸漸變為不同膚質。

油性肌膚

(1) 中性肌膚過度保養後,有可能變成油性肌膚。

(2) 皮膚的表層有油脂(皮脂)保護,皮脂下方又有角質細胞,中間的保濕因子與天然脂質,會因洗臉時的水溫過熱或是洗面皂皂性過強,將皮脂洗去,進而牽動皮膚釋放訊號,讓皮脂多分泌油脂,產生代償性出油,臉部有可能比原先更加出油!

(3) 過度將皮脂洗去,反而讓臉部肌膚失去保護,保濕因子加速被蒸散。

★油性肌膚對策:
油性肌膚的人不需過度清潔肌膚,建議選擇含保濕因子的保養品,去強化角質細胞間的聯繫,再選擇較清爽的乳液來保濕並鎖住第一步的保濕因子,鎖水是關鍵。

乾性肌膚

(1) 保濕沒做好容易變成乾性皮膚。

(2) 皮膚的角化速度較慢,感覺膚質看起來較細膩,因為皮紋與皮丘、毛孔較不明顯。

(3) 皮脂較少,光澤性也差;肌膚雖然看起來細膩,卻不是非常光滑及具有彈性,因為膠原的含水量也不足。

(4) 皮膚的汗腺與濕度不平衡,讓菌叢改變,皮膚偏鹼性,若不好好保養會有高機率演變成敏感肌。

★乾性肌膚兩大對策:
缺水→外油內乾→強化水性保濕,補水再補水!
缺油→外乾內乾→輕微粗糙、皮脂腺少、細紋多、暗沉、無光澤,補水為基礎,補好水再補油!若不鎖水,則會越補越乾。
臉部清潔後 3 ～ 5 分鐘內需保養完畢,建議使用親水性玻尿酸＋親脂性乳霜＋強力保濕精華液。

2-2

混合性肌膚的
成因及保養守則

　　前篇已經讓大家知道膚質並非一成不變，保養與清潔、膚質的好壞息息相關，並簡單分享了關於常見的油性肌膚及乾性肌膚的成因及保養清潔方式。

　　接下來，要談的是比較複雜一點的混合性肌膚。

　　現代人有將近 8 成以上都是屬於混合性膚質，僅有少數 2 成的人才是全然的中性肌、乾性肌或油性肌，因此學會如何保養混合肌非常的重要。

｜保養程序沒做對，容易變成混合肌

　　混合肌這種膚質就是融合了油性和乾性肌膚的特性，讓肌膚有些部位比較乾、又有些部位會比較油，而比較常見的部位，就是在 T 字部位（額頭、鼻子、下巴）比較油、毛孔較粗大，也容易長痘痘及粉刺，然後兩頰、眼周比較乾，甚至有脫屑的情況。

　　為了防止 T 字部位出油、長粉刺，許多人會使用妙鼻貼或者是強化 T 字部位的控油保養品，過度使用的結果反而使 T 字部位變得很乾，然後兩頰變成中性甚至稍微有點油，這一類的情況在來求診的患者中其實也十分常見。因此，若你是混合性肌膚，這就表示在

保養的過程裡，有相當大的進步空間，也就是說，**很有可能是因為保養錯誤，才會造成混合性肌膚的發生。**

　　舉例來說，當肌膚平時沒有做好足夠的防曬和保濕的話，為了要維持理想的濕度，肌膚便會分泌大量的油脂來達到保水功效，也就是說，如果沒有做好保濕，皮膚就會越來越油，這也解釋了明明臉很油，兩頰及眼周等區域卻乾燥起屑，整張臉彷彿在不同世界的情況；此外，像是使用溫度過高的水洗臉、大力搓揉肌膚或是清潔過度的話，便會過度洗去皮脂膜，使得兩頰的皮膚更乾，身體又再分泌更多的油脂，形成惡性循環等，由此不難得知，清潔及保養習慣不佳，是造成混合肌的關鍵元兇。

　　混合性肌膚的成因除了保養不當外，與生活作息、飲食習慣也脫離不了關係。飲食方面，油膩、辛辣的食物容易刺激皮脂分泌，讓油脂分泌過度旺盛，造成皮膚油水不平衡，經年累月下來，養成這樣的飲食習慣也會漸漸形成偏油性的膚質；睡眠方面，經常熬夜的人因為作息不正常、生理時鐘混亂，容易造成自律神經功能失調，進而影響到內分泌，使得油脂分泌過多或不均，讓肌膚有偏乾或是偏油的狀況，不管是哪一種，皆會讓皮膚相對容易處在一個慢性發炎及不穩定的狀態。

｜混合肌是敏感肌的前身，保養守則：分區保養是關鍵

另外，要叮嚀的是，混合性肌膚可說是敏感性肌膚的前身，假使你現在的肌膚已進入混合性肌膚的階段，那麼，建議你不妨回顧一下自己在保養的作法、過程或步驟，是否有哪些不當之處及改善空間，如果長期置之不理的話，肌膚變成敏感肌或敏弱肌的機率就非常的高，一般而言，保養的難度也會變高。

混合肌因具備綜合膚質，所以同時擁有多種肌膚問題，常見狀況為 T 字部位容易長粉刺、痘痘，而兩頰容易缺水緊繃。因此，混合肌的保養方式絕不會像乾性肌膚或油性肌膚般單純，**反而需要針對不同部位來做「分區保養」，藉由保養品功效及用量的調整，同時因應季節轉換和生理變化微調，才能穩定混合肌的肌膚健康。**

比如說光是敷面膜，也要有分區的概念，也就是要將 T 字部位與臉頰分開敷不一樣的面膜，又或者是擦保養品時，針對乾的地方要著重保濕、T 字部位的話，則是不能過度使用過油的保養品進行塗抹。強烈建議混合肌的人，在每次保養前養成先觀察臉部出油狀況的習慣，再進行保養，才能達到完美的效果。

不過一般而言，即便是混和性肌膚，像親水性的玻尿酸，或是保濕因子這一類具保水效果的保養品，肌底是可以全部都擦，無需分區。等擦完第一層保水保養品後，針對稍微乾的地方，就選擇乳液去做保濕強化，至於比較油的地方，基本上塗了玻尿酸或保濕因子就足夠了，不需要太過繁複的保養。假使 T 字部位特別油的話，建議可適度加個化妝水，然而再擦保濕因子或玻尿酸就可以了，至於肌膚乾的地方就不要用化妝水，簡單來說，就是要有分區保養的概念。

再強調一次，混合肌究竟是怎麼形成的呢？一旦保養程序沒做對的時候，就會容易形成混合肌。至於保養程序怎麼樣才算對，我舉幾個例子，像是該換季的時候，肌膚的保養品沒有跟著換季，或者是長期飲食不正常、生活作息不規律常熬夜，在肌膚承受壓力的不良時期，保養的程序又沒有強化、到位，這個時候就很容易變成混合性肌膚，所以保養對於混合性肌膚的人是很重要的，千萬不要太過輕忽。

針對混合性肌膚，在日常保養及上妝前一定要做好保濕打底的動作，好讓皮膚一直保持在濕潤的狀態，減少出油，達成控油的效果。防曬也同樣重要，絕不可少，這是因為一旦皮膚受到紫外線刺激，皮脂分泌也會增加。可以說，「保濕和防曬」 是讓肌膚維持油水平衡的最重要基礎。

DR. SHINE
劃重點

point
1 保養及清潔程序倘若沒有做對，加上熬夜、飲食習慣不佳，就易形成混合肌，現代人多數是混合肌。混合肌是敏感肌的前身，若沒有調整好，下一步就易形成敏感肌。

2 混合肌包含了乾性肌及油性肌的特性：

(1) T字部位的出油：從出生開始，肌膚是中性的，但隨著過度清潔、保養程序錯誤才會導致混合肌，因此要讓肌膚重回中性常態，保養是可以有進步空間的。

(2) 兩頰及眼周部位的乾燥、脫屑：肌膚的狀況反映生活作息、飲食習慣等，沒有好好調整的肌膚就會慢性發炎、不穩定。

肌膚就會慢性發炎

眼周

兩頰

3 混合肌保養需分區進行：由於混合肌具備綜合膚質，也有對應的肌膚問題，因此在保養上需採分區進行的分式，以敷面膜為例，T字部位的面膜選擇不能過油，而兩側臉頰則需要使用保濕度夠的產品。

側臉頰-使用保濕度夠的產品

T字部位-不能過油

2-3

拒絕初老，
防曬最有效！

　　「清潔」、「保濕」和「防曬」一直是我不斷強調肌膚保養的
3大要素，由此不難知道「防曬」的重要性有多高。

　　事實上，身為皮膚科醫師，常常被問如何保養皮膚？會建議要
有日常保養以及定期保養，日常保養中清潔、保濕和防曬是一切的
根本，而這三者中「防曬」尤為關鍵。

　　防曬為什麼重要呢？簡單的說，防曬如果沒有做好，是最容易
讓肌膚產生初老症狀的元兇。

｜防曬與初老的關係

　　當我們處在幼年或是青少年時期，恣意享受青春、任意揮灑汗
水，基本上大部份的人在那個階段前，應該都比較少在做防曬，或
者都是直接忽略。

　　然而隨著氣候污染日益嚴重，現在南北極的臭氧層有破洞，一
些有害的紫外線便會經由破洞直接穿透下來，除了造成肌膚斑點問
題外，同時也會導致皮膚癌盛行率提高，由於紫外線對於肌膚會帶
來損傷，長時間不防曬，更會導致膠原蛋白纖維排列順序紊亂，細
紋、皺紋、乾紋就會上身，產生肌膚老化的情況，所以說，防曬是

一門重要的預防醫學。

　　正因防曬茲事體大，現在一般皮膚科醫師會建議小朋友從 6 歲以後也要開始適度進行防曬。

　　當然，大眾都知道在孩童或青春期時，陽光在孩子的成長過程中扮演著重要的角色，但是，適度曬太陽就夠了，過度的陽光對於健康可能會招致未蒙其利先受其害的反效果。

　　一般而言，我也是建議，防曬從 6 歲以後就可以開始進行，而防曬更是不分性別，聽起來簡單，要持之以恆是非常難的。

｜自我檢視 Time：初老症狀你有幾項？

　　先來談談肌膚的初老症狀有哪些？肌膚的初老症狀，首先是皮膚比較容易乾燥並失去光澤，再來就是臉色蠟黃，甚至笑起來出現細紋，也就是皮紋跟皮溝會變得相對明顯，看起來皺皺的，感覺不太健康。

　　初老症狀大概從 25 歲就會開始越來越明顯，當然平時越沒有做好防曬的話，肌膚的年齡就會往上增加，也就是會讓初老症狀提前報到。換言之，防曬如果越早做，而且有做好、做足，那麼就可以及早預防肌膚初老症狀的發生。

開始初老

要預防肌膚老化，首先還是要先瞭解肌膚老化的原理。老化本身有一個比較科學的定義，就是說當膠原蛋白流失的速度大於增生的速度時，肌膚就會開始老化。一般而言，25 歲就是一個分水嶺，25 歲以後，膠原蛋白的增生能力就會下降，但是流失的速度還是持續，甚至會加速。

在這樣的情況下，假使防曬沒做好，或者是生活作息跟飲食習慣不佳，那麼，超過 25 歲以後，膠原蛋白每年是以 3% ～ 5% 在流失的。至於膠原蛋白流失的方式大概有兩種，一種是很均勻的流失，這種流失方式會比較容易產生細紋跟皺紋；另外一種則是發生在毛孔周圍的膠原蛋白流失的速度比較快，這一種流失方式就容易形成毛孔粗大或變成橢圓毛孔。

｜光老化比自然老化更可怕，卻可以預防

造成老化及膠原蛋白流失的原因也有兩大類：一是「光老化」，另一個是「內因型的老化」。

先說明內因型的老化，其實就是我在這本書一直不斷強調的部分，也就是生活作息、飲食習慣長期累積下來的影響。至於光老化，則是這章節要談的重點。

光老化不分年齡，可說是比自然老化更可怕的肌膚老化殺手，而自然老化，雖是無可避免的事情，但光老化卻是可以預防的！要在肌膚還沒承受傷害前，預先做好準備，主要的關鍵就在於「防曬」，防曬做得好，就能遞延或阻擋光老化。

既然防曬如此重要，那麼又該怎麼進行？

首先，防曬究竟是防什麼物質的曬？我們先來了解光老化的主要物質，也是傷害肌膚的主要敵人──「紫外線」。光老化的發生主要是「紫外線」對於肌膚的損傷程度。

太陽光是照亮地球的光源，它的光譜粗分為「可見光」或「不可見光」，簡單的說，可見光依序由長到短有紅、橙、黃、綠、藍、靛、紫這幾種不同波長的光線；而我們一般熟知的紫外線（Ultraviolet，簡稱 UV），它的名稱來源是「超越紫色」，而紫色光是不可見光的顏色中波長最短的，因此可以知道紫外線的能量很強。同理可證，紅外線也是不可見光，但因為波長較長，相較於紫外線的能量較弱。

 人類的眼睛所能看到的光被定義為「可見光」，其他波長的光被歸類為人類的眼睛所看不到的「不可見光」。此一「無法目視的光」，大致分成波長較「可見光」短的紫外線，及較「可見光」長的紅外線。

紫外線除了會讓皮膚產生自由基，也會讓眼睛產生自由基。所以紫外線是造成眼睛白內障跟皮膚膠原蛋白斷裂老化的一個主要原因，因此如何預防 UV 所造成的傷害就變得非常重要。

進一步剖析紫外線，同樣也是波長從長到短，又分為 UVA、UVB 跟 UVC。

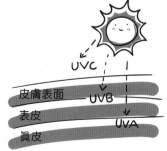

簡單的說，UVC 是最短的、UVA 是最長的，其中 UVC 波長很短，這就表示它是能量最強的，所幸它的波長短到它無法直接穿透雲層，因此不會對人體帶來損害。

而 UVB 的話，會穿透雲層，能量轉換也相對高，這也是為什麼當我們在曬太陽時會曬傷、會熱的原因。

當然，造成曬傷不光只是來自 UVB，UVA 也扮演了一個角色，不過由於 UVA 的波長長，導致熱轉換比較差，因此以曬傷來說，UVA 僅是一個配角，這樣的情況反讓我們容易輕忽 UVA 所帶來的老化傷害。

在老化範疇，反而是顛倒過來，UVA 是主角，UVB 則是扮演配角。UVA 又可分成短波、長波兩類，短波 UVA 會造成皮膚曬黑，長波 UVA 則會導致皮膚慢性老化，如黑色素沉澱、皺紋與黑斑。

｜物理性防曬 VS. 化學性防曬

了解光老化的成因後，再來就是來看如何防曬。從學理角度來看，防曬原理主要分為「物理性防曬」和「化學性防曬」兩大類。兩者各有優缺點，建議考量自身狀況，選用適宜的防曬產品類型。

所謂的物理性防曬，常見成分為是二氧化鈦（TiO_2）及氧化鋅（Zinc Oxide）這兩大類。它的防曬原理，主要是利用折射光線的原理，讓產品內的防曬顆粒透過反射、折射或散射，來避免皮膚受到紫外線的傷害，其涵蓋面是比較針對全光譜的，就類似我們在臉部戴上一個面罩，防曬塗得越厚，UV 的穿透就越小。

物理性防曬　　　　　　　　　　化學性防曬

反射太陽光　　　　　　　　吸收光放出熱

　　至於化學性防曬，則是以化學劑成分的分子結構吸收紫外線後，再以較低的能量型態釋放熱能，藉此降低對肌膚的傷害，由於使用不同的化學原料，所吸收的光譜就不一樣，其中又分成寬光譜跟短光譜的化學性防曬。

　　兩種防曬的差異，物理性防曬其優點在於不會滲入肌膚、刺激程度低、成分的安定性及穩定性較高，不易變質也不易引起過敏，所以若肌膚屬於容易過敏的膚質，建議可使用較溫和的物理性防曬產品。缺點的話是因物理性防曬是針對全光譜，必須藉由較油的基底以容納顆粒氧化鋅或二氧化鈦，質地油膩厚重，較容易會有堵塞毛孔的情況發生外，對長波 UVA 的防禦力也較化學性防曬低。

　　相對物理性防曬，化學性防曬質地比較清爽，不過成份畢竟是化學物質組成，較不穩定，可能會滲入肌膚造成刺激，引起皮膚過敏的機會比較高，建議敏感性膚質最好先試用再購買。

物理性防曬	化學性防曬
•反射紫外線	•吸收紫外線
•礦物質（二氧化鈦、氧化鋅）	•化學性防曬劑
•安全性、穩定性較高	•帶有刺激性
•厚重、泛白	•清爽、不油膩

現在坊間大部份的防曬產品，為了讓使用者使用起來能兼顧有效性跟舒適度，大部份都是採用物理化學混合配方的「混合型防曬」產品，試圖達到高效防曬同時，質地又清爽不黏膩，降低致敏的機率。

假使擦起來的防曬產品感覺上是比較油膩的，那就是物理化學防曬偏物理；反之，擦起來比較清爽的，就是物理化學防曬偏化學，而市面上常見的噴霧型防曬，絕大部份都做得很清爽，那就是偏化學性的防曬。

隨著生物科技的進步，現在防曬也有奈米等級的產品，也就是把物理性防曬的成分顆粒做得很細，進而能做成噴霧，這樣的方式也能有效避免擦起來油膩、悶，甚至堵塞毛孔的情況，所以對敏感性肌膚的人來說，噴霧型的物理性防曬也是一個不錯的選擇。

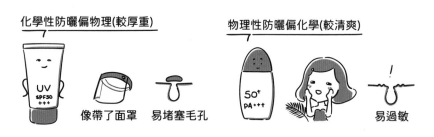

化學性防曬偏物理(較厚重)　　　　　　　物理性防曬偏化學(較清爽)

像帶了面罩　　易堵塞毛孔　　　　　　　　　　　　　　　　易過敏

那麼，市面上充斥著琳瑯滿目的防曬產品，在挑選上又有什麼注意事項？事實上，選擇防曬產品，要視個人的膚質及感受而定，**建議最好選擇一個擦起來舒適，這樣才會願意、並且經常使用，不要有品牌迷思。**

｜防曬係數的意義

防曬係數的英文像是 SPF、PA 等，又各自代表著什麼樣的意義呢？

目前的防曬係數標準，主要分為「SPF」、「PA」及「PPD」。台灣常見的 SPF、PA 分別指的是能延長被曬傷及曬黑的時間，而 PPD 是 PA 計算的基礎。

簡言之，市售產品很多會同時標示 SPF 及 PA，就是既要防「曬傷」也要防「曬黑」，也就是「防曬傷」要看「SPF」，「防曬黑」則是和「PA」或「PPD」有關。

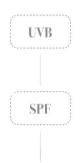

SPF（Sun Protection Factor）屬於國際公認標準，以數值標示，表示阻隔 UVB 之能力，也就是可以延緩個人皮膚被曬傷、的時間。數值越高，表示可延緩曬傷時間更長。雖然 SPF 主要是以 UVB 為標的，但是當 SPF 越高的時候，它也會對 UVA 連動。舉例說明，SPF50 能延緩 50 倍的曬傷時間、SPF25 則是延緩 25 倍。假設今天出門沒擦任何防曬就直接曝曬在太陽底下，便會立即被曬傷，而擦了 SPF50 的防曬，就會遞延到 50 分鐘後才曬傷。另一種計算方法是，擦了 SPF50 的防曬，UVB 有效透過的陽光大概就只剩 2% 的光會透進肌膚。不管哪種方式，SPF 的概念就是延遞多少時間會被曬傷的時間，或者是能減少多少陽光透進肌膚。

UVA

PA

PPD

PA 是 Protection Grade of UVA 的縮寫，是日本提出的防曬標示法，以＋號表示，為計算阻隔 UVA 延緩被「曬黑」時間的能力；當＋號越多，表示能拉長被曬黑前的時間，
PA+ 表示能延緩曬黑時間達 2～4 倍，也就是本來曬 1 分鐘會黑，擦了 PA+ 之後，要曬 2 分鐘才黑；以此類推，PA+++，能延緩曬黑時間達 8-16 倍，也就是曬 1 分鐘會黑，現在要曬 8 分鐘才黑。

PPD （Persistent Pigment Darkening）是歐盟針對 UVA 防護力所定的標準，相當於 SPF 的檢測方式，同樣在於「防曬黑」的參考作用。PPD 的話主要就直接就是看數值，就是說 PPD10，也就是原本曬 1 分鐘會黑，擦了 PPD10，就變成曬 10 分鐘才會變黑。

　　然而並非一味追求高防曬指標就好，防曬係數越高，意味著防曬成分也越多，有些成分可能會導致毛孔阻塞，造成肌膚負擔，因此在選購防曬產品前，必須評估膚況、使用情境等等因素再行購買決策。

　　最後，我還是再三叮嚀，老化是一個漸進式的過程，有效的防曬可以避免光老化、預防初老，特別是在 25 歲到 35 歲之間的老化，絕大部分是光老化所造成的。而人在 45 歲以後，內因型的老化會加速，比如說受到更年期等影響，所以內因型的老化不僅是影響軸

線拉長，更是日積月累所造成的結果。由於一般初老的症狀大部份都是防曬跟保養沒做好而造成的，所以當防曬跟保濕做好的話，就可以更有效的預防初老的症狀。

DR. SHINE
劃重點

Point 1
防曬是一門預防醫學，儘管陽光對成長有益，但曬太陽適度即可，而小朋友從 6 歲起即可開始防曬。

Point 2
初老的症狀即是肌膚乾燥、無光澤、皮紋與皮丘相對明顯，而老化是膠原蛋白的流失速度已大於增生的速度，從數據上來說是以每年 3～5% 的速度在流失。一般而言，從 25 歲後就會開始初老的過程，而防曬做好做足，則是預防老化的最好方法。

Point 3
肌膚老化分為兩種原因：光老化與內因性老化。內因性老化與生活作息、飲息有關，而光老化則是受太陽光照射的影響。

Point 4
太陽光的光譜中不可見光可分為紅外線與紫外線，其中，UVC 的波長最短，能量卻最高，不過由於波長短，無法穿透雲層。而會對肌膚造成影響的主要是 UVA、 UVB，這兩種光線的相對關係與對肌膚造成的問題。

Point 5
防曬產品分為兩類，分別是物理性防曬及化學性防曬。物理性防曬的成分較厚重，像臉上帶了面罩，能夠阻擋全光譜對肌膚造成的傷害，但同時也易堵塞毛孔。至於化學性防曬，成分為化學物質組成，較清爽舒適，但也易造成肌膚敏感。

DR. SHINE 劃重點

Point 6 至於要選哪一種防曬用品,建議選擇自己擦起來最舒適,並且願意經常補充的防曬即可,而防曬係數當然是越高越好。

Point 7 關於防曬產品的專有名詞解釋:一般最常見的防曬標示 SPF、PA、PPD 都是表示對於紫外線的防護強度,SPF 是 UVB 的防曬係數,數字越高表示防止皮膚曬紅曬傷的能力就越強。PA、PPD 則是 UVA 防曬係數。其中的差別在於 PA 是日規,一到四個「+」號不等,「+」號越多表示延緩曬黑的時數就越長;PPD 是歐規,數值越大表示防護強度越高。

2-4

狐臭及老人味的
成因與解方

　　只要是人就會有體味，從小到大到老，無論處在哪一個階段都會有味道。

　　舉例來說，嬰兒時期，嬰兒本身會散發出乳臭未乾的味道，由於嗅覺是新生兒最信賴的一種感官，因此，嬰兒也會認媽媽的味道；或者，有些老公的頭皮容易出油，只要一天沒洗頭，枕頭套就會出現濃濃的油耗味，所以我們也常在診所看到不少太太帶著老公來做頭皮管理，希望能減少頭皮出油的情況。

　　另外還有常見的場景，就是爺爺在含飴弄孫時，孫女卻冷不防的說，爺爺身上臭臭的！甚至在夏天不管是擁擠的交通工具還是體育館裡，更是充斥著汗臭及體味……

　　在1-7中已和大家分享，人類受到後天飲食、生活作息的影響，氣味會改變，而不好的氣味，其實也是肌膚問題。因此這一篇就臨床上比較多人有困擾的兩個肌膚氣味問題，分別是「狐臭」及「老人味（加齡臭）」再做進一步的分享。

青春期後易有狐臭產生，主要受頂漿腺影響

首先，先講狐臭。

體味的成因很多，主要是由於大汗腺（Large Sudoriferous Glands），也就是「頂漿腺」（Apocrine Sweat Glands）的活躍所造成，大汗腺大多分布於腋下、乳房、與私密處；在青春期過後，頂漿腺會受荷爾蒙影響，分泌出不同的物質，這個物質就叫費洛蒙。

費洛蒙本身具有味道，主要由重組後的特殊蛋白所形成的，對表皮菌而言，費洛蒙本身也是非常營養的物質。由於皮膚的正常菌叢會重組，在青春期之後，皮膚的正常菌叢便開始重組，也因為這樣，有不少小時候罹患異位性皮膚炎的患者到了青春期之後，皮膚的敏感症狀就改善不少，這種情況與肌膚的正常菌叢重組有一些關聯。而在正常菌叢發生重組後，重組的細菌所代謝出來的產物就可能會帶有味道。

由此可知，狐臭的來源主要有兩處：第一個是青春期後，由頂漿腺所分泌出費洛蒙，第二個則是皮膚上的菌種代謝物質的味道。不過，以發生的比例來說，狐臭的根源還是在頂漿腺。

┃四十歲後易有老人味，主要受老化及飲食生活習慣影響

至於老人味在前面的章節就已經提到，主要在四十歲後，受到身體荷爾蒙的變化及老化影響，皮脂分泌的產品及品質隨之改變，讓原本的脂肪酸的組成和年輕時期大不相同，因此便會逐漸產生氣味。

而造成這個現象的始作蛹者，來自 2-壬烯醛（2-Nonenal , C9H16O）這個化學物質。根據美國及日本的皮膚科研究發現，從 40 歲開始，人們的皮膚因為老化，會分泌較多的 2-壬烯醛，在皮脂的佔比也會越來越高，且與年紀成正比。

2-壬烯醛本身就有味道，加上它還會融合皮脂產生新的氣味外，也會減弱皮脂的防禦力，所以年紀越來越大後新陳代謝變得緩慢，皮膚氧化快，顯得乾燥脆弱，於是老人味也跟著越來越重。

皮脂一旦與汗水、老廢角質與 Omega-7 脂肪酸（棕櫚油酸和異油酸）形成氧化作用，就會氧化變成 2-壬烯醛，當這種物質與皮脂腺分泌的脂肪酸相結合，再被細菌與微生物分解後就會產生臭味，而這股臭味十分接近油耗味。而除了老化外，當平常飲食攝取過多的動物性蛋白或者是偏好吃油炸的食物，也會容易形成 2-壬烯醛。所以，老人味不見得是中老年人的專利，3、40 歲的熟齡男女倘若飲食不當，當心老人味也會提早上身。

┃兩種氣味根源不同,處理方式也大不相同

　　狐臭與老人味的根源不太一樣,因此處理的方式也大不相同;假使今天你深受狐臭困擾的話,該處理的是頂漿腺,頂漿腺不太容易透過飲食來改善。假使困擾你的問題是老人味,就不太能夠透過醫療或藥物去改變味道,比較需要透過改變飲食來改善。

　　針對狐臭的改善,最簡單的方式是清洗,稍微搓洗可以暫時治標,不過使用抑菌沐浴產品時請注意,建議不要長期使用,因為我們應該想辦法改善及調理菌叢而不是殺光它們。若是要擺脫狐臭,除了使用擦的保養或藥物等方式外,隨著科技進步,也從傳統的刮除手術、雷射微創手術進化到目前非侵入性微波手術可以治療。

　　至於老人味的話,主要靠飲食來改善,少吃油炸物、肉類,多攝取富含抗氧化成分的蔬菜水果,就能延緩老人味上身的速度。此外,規律的生活作息,舉凡多喝水、規律運動、充足睡眠、不菸不酒等這些事情也會有助於人體新陳代謝及老人味的去除。

多吃蔬菜

　　過度的氣味,不只是一件擾民的事,同時也會對自己造成影響。對他人來說,放任自己變成發臭體,代表不在意自我形象,邋遢又欠缺衛生意識;對自己而言,因為有異味,會導致旁人不想在你身邊久待,或多或少皆會影響人際關係,這情況對於青少年來說,更容易形成社交障礙,對日後的人際互動有不小的影響。因此一般我會建議,假使在青少年的時候就有狐臭的問題,就要積極一點進行改善,避免影響到日後的社交生活。

DR. SHINE
劃重點

Point 1 人從小到大都有味道，不同年齡味道其實也有所差異，各時期都會有不同的體味。

Point 2 一般常見的氣味困擾，主要是狐臭及老人味，兩者的成因不同，改善方式也大不相同。

Point 3 狐臭：青春期後，大量的頂漿腺分泌物，也就是費洛蒙經由外在細菌的分解作用，進一步發酵產生脂蛋白，就散發一種特殊的難聞氣味，形成狐臭。費洛蒙是重組的特殊蛋白，會形成特殊的味道外，皮膚菌叢不平衡所產生的味道也有影響。針對狐臭的解決辦法主要以醫療或是藥物控制為主，現在坊間也有非侵入式的治療能夠進行治療。

Point 4 老人味：又稱為「加齡臭」，是 40 歲以後才會出現的味道，皮脂一旦與汗水、老廢角質與 Omega-7 脂肪酸形成氧化作用，就會氧化變成 2- 壬烯醛。當這種物質與皮脂腺分泌的脂肪酸相結合，再被細菌與微生物分解後就會產生臭味。飲食上若是油炸類的食物吃太多，2- 壬烯醛就會變多，所以針對老人味的治療，醫學反而不是主軸，而是要盡量多吃蔬菜少吃油炸類的食品，並維持良好的生活作息，才能改善老人味。

Notes

03

告別敏感肌與酒糟肌
大作戰

3-1

好膚質養成計畫，
跟敏感肌說 byebye

「王醫師，我用ＸＸＸ保養品會過敏，但我妹妹用同樣的保養品卻不會，我這樣算是敏感肌嗎？」

「我很勤勞在敷面膜，但怎麼還是容易覺得皮膚乾癢、也會泛紅……」

這些問題常在診間發生，看似複雜，其實可以用一個共通的答案來解答──「你是不是敏感肌？」

敏感肌不是疾病而是肌膚長期處在不穩定狀態

相信每個人都聽過「敏感肌」，儘管如此，卻仍有不少人，對於「敏感肌」一知半解。事實上，「敏感肌」並不是一種疾病，是因為皮膚防禦力下降所導致的不適症狀，換句話說，「敏感肌」是一種肌膚狀態，跟油性肌膚、乾性肌膚等名詞一樣，指的是肌膚長期一直處於脆弱、容易被刺激的狀況，需要將皮膚調理至健康的狀態才能獲得改善。

近年來，擁有敏感性肌膚的人呈現跳躍式成長，根據尼爾森2019 年的調查，高達 7 成的人是屬於敏感肌，其中 40% 是中度或

重度敏感肌，又以女性佔比高達 7 成之多，就連男性敏感肌比例也有逐年上升趨勢。

大家不妨回想看看，每個人在孩童時期膚質其實都不會太差，為什麼隨年齡增長，就慢慢出現不少肌膚的問題？甚至肌膚變得很敏感？

這就得回到前面章節裡，我提過肌膚膚質是「動態」的、並非一成不變，敏感問題並非敏感性膚質的專利膚況，特別是受到空氣污染、紫外線傷害、熬夜、生活壓力大、作息不正常等影響，每個人現在的膚質都有可能會面臨肌膚敏感問題，可以說，敏感肌已是一種現代人肌膚的文明病，無論是先天體質或後天的內外在因素，都可能造成肌膚出現敏感症狀，如泛紅、刺癢、灼熱等。

敏感肌常見的臨床狀況

臉比較容易紅、灼熱

發癢刺痛

皮膚緊繃、脫屑或粗糙

毛孔粗大、血管增生

而除了上述的環境及心理因素，另一個敏感肌形成的催化劑，可能就是長期使用了一些不適當的保養品或化妝品，保養品及化妝品裡多多少少都一定含有香料、抗菌劑、防腐劑等成分，除此之外，有些潔面產品也富含皂性或界面活性劑。這些化學物質在長期不當使用下就會對肌膚造成影響，若是平常清潔做得又不夠踏實、徹底，這些外來物質便會因無法被清除或代謝掉，而不斷堆積，一點一滴往下滲透，逐漸堆積在皮膚的基底層，進而造成慢性發炎。

基於慢性發炎造成肌膚問題的情況會越來越嚴重，同時深受其苦的人數也會越來越多，這裡就來談談敏感肌的成因、原理解析、敏感肌保養與挑選保養品的方法，希望對大家有幫助！

如何判斷自己是否為敏感肌？那麼先自問一個問題：「我的皮膚是不是長期處在不穩定的狀態？」

其實，「膚況不穩定」就是敏感肌最大的問題，最嚴重的狀況就是過敏。

使用不當的保養品及化妝品是造成敏感肌的催化劑

至於為什麼會造成「膚況不穩定」？除了遺傳、外在環境、生活飲食等因素外，一如前面所說的，長期使用不當的保養品或化妝品，就是敏感肌的催化劑。

對大多數人而言，通常在剛開始使用是不會有什麼差異變化產生，甚至還有可能在一開始使用時，容易因為保養品或化妝品的味道很好聞、質地或觸感很好，而一直使用下去。

漸漸的，這些保養品或化妝品的不當物質，像是界面活性劑、抗菌劑、防腐劑，或者是強化美白效果所加入的重金屬成分，甚至

激素、類固醇等，會隨著每天使用，慢慢從肌膚表皮的細胞間隙逐步往下滲透，在不斷的往下滲透後，經滲透壓的影響下，最終會堆積在肌膚的基底層，便會自行製造出敏感肌。

這其實在臨床上很常見，特別是不少人喜歡追著潮流使用不適合自己膚質的產品，反而會導致慢性發炎而使皮膚保護層受損。

在 1-1 節裡有提過，基底層位於表皮真皮間隙上方，當這些物質堆積過多、達到一定濃度，並往下堆積到一定的深度時，接觸到表皮真皮層間隙的血管，當中的白血球就會自動啟動免疫系統來發動攻擊，因而形成慢性發炎，此時慢性發炎就會變成肌膚的主軸，延伸出很多的問題。

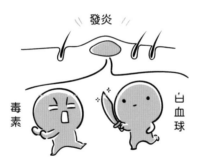

| 慢性發炎會造成老化加速、肌膚防禦力下降及正常菌叢失衡

那麼，慢性發炎會造成什麼問題？有三個重點。

重點一，慢性發炎會讓膠原蛋白加速流失，造成老化的加速。慢性發炎的戰場除了表皮層之外，還有真皮層，而真皮層裡含有很多的彈力纖維及膠原蛋白，慢性發炎會加速他們的斷裂及流失。

重點二，真皮層裡有很多皮膚的附屬器，像是皮脂腺、汗腺，慢性發炎便會干擾皮脂腺、汗腺的分泌，影響它們所分泌出來物質的品質，讓臉部不容易達到油水平衡，進而影響皮膚表層的穩定度。

重點三，當皮脂腺分泌出來的皮脂不佳，就會進一步影響皮膚的菌叢生態，改變原有的平衡，皮膚就會變得更不穩定，防禦能力跟著下降。

第一與第二的情況都是慢性發炎在真皮層所造成的問題，至於對於表皮的影響，慢性發炎則是會干擾角質細胞及角化的過程。其實慢性發炎的影響層面很廣，不僅複雜還會互相干擾影響，除了會改變表皮的代謝周期，加上皮脂腺、汗腺穩定性不足，保濕不容易做好，就會容易乾燥脫屑。而當汗腺及皮脂腺分泌的品質不好，就會讓菌叢失衡，有些細菌、蟎蟲特別喜歡待在這種狀態，造成不正常的增生。

儘管皮膚的正常菌叢本來就會有這些細菌、蟎蟲，但也不是每一個人都有蟎蟲，像我本身就實測過好幾次，臉上並沒有蟎蟲的蹤跡，這表示我的膚質相對比較穩定。

臨床上有些病患會因為臉部有蟎蟲而感到害怕，其實寄生蟲有些本來就是會出現在我們的肌膚上，它也是屬於正常菌叢的一部份，但是當它不正常的過度增生，就會讓皮膚更加不穩定。

原則上，在越健康的皮膚上，蟎蟲的數量是越少的，甚至找不

到蹤跡。這就像在探討「雞生蛋、蛋生雞」的原理，究竟是皮膚先變得不好，才會出現蟎蟲？還是蟎蟲出現後，才讓肌膚變得不好？雖然這兩件事代表不同的意涵，但到最後卻是無法明確區分的。

特別是當肌膚油水不平衡時，蟎蟲就很有可能會從別人的臉上爬到你的臉上，當它爬到你的臉上大量增生時，你的肌膚就會進入一個惡性循環，所以殺蟎蟲只是一種手段，只是治標，如果沒有根本改善皮膚環境；蟲就算被殺乾淨，也會再出現。

在醫學上用藥殺蟲是一種主流，殺蟲藥可以有效減少蟎蟲數量，甚至讓蟎蟲消失。但這只是症狀緩解的手段，即便殺了蟲，症狀有了改善，如果你的保養方式沒有改變，持續營造一個讓蟲適宜繁殖的環境，只是為了下一次發病做新的醞釀。

就如前面所說的「皮膚不穩定」是敏感肌最大的問題，慢性發炎久了之後，就會開始影響角質的角化過程及速度，皮膚也會跟著慢慢變薄、血管增生，這是慢性發炎，卻是一個相對穩定的慢性發炎，倘若肌膚進入急性發炎，就會開始有很多肌膚症狀產生。

敏感肌特點

❶ 臉容易紅：喝碗熱湯、曬個太陽、泡個溫泉、洗個熱水澡，臉就容易變紅。

❷ 臉容易敏感：別人覺得好用的保養品、化妝品，換成你一用就過敏。

❸ 出現發癢小疹子：急性發炎期時，會出現發癢的紅色小丘疹，有時還會出現小膿皰，有點像痘痘又不太像痘痘，這就是從慢性發炎轉成急性發炎的臨床症狀。這樣的情況如再持續下去，肌膚處於一個極度不穩定的狀態，便會形成酒糟肌。

敏感肌並非是一種疾病的名稱，它是一種膚質的界定，只是一個描述而已，也就是對皮膚狀況描述的歸類，就像毛孔粗大、出油等狀況就可以被歸類到健康皮膚裡的油性肌膚，相較之下，疾病是要有定義的，才有辦法下診斷、才有治療的方向。

也因為敏感肌沒有辦法被定義，只能被分類，是屬於正常肌膚裡比較敏感性的肌膚，就不能完全被歸在醫療的範疇裡，在這樣的情況下，要用什麼方式來改善，就是得靠保養。

這就是為什麼我不斷建議大家要養皮膚，讓膚質穩定，皮膚一旦穩定就會慢慢擺脫敏弱[註]，即便沒有完全擺脫敏弱，至少皮膚也比較不會出現症狀，也就不會往疾病的方向移動。

由於敏感肌的比例越來越高，在皮膚科的治療上，除了殺蟲、抓蟲外，以往治療方式，急性期就是吃藥及擦藥，以吃抗生素或抗組織胺為主。但是這樣的治療方式，常常只要藥一停一定會再復發，因此我才一再強調養皮膚才是根本之道。

看到這裡大家應該了解，長期使用不適當的保養品及化妝品，再加上用法不適當，會加速敏弱肌形成，這也是在幾年前皮膚科有一個學派稱為「肌戒毒」會盛行的原因。

「肌戒毒」主張肌膚本來就有自我修復的能力，要讓肌膚恢復正常狀態，什麼保養品、化妝品都不要擦一段時間，並用清水洗臉，肌膚就會自然恢復了。而使用這樣的方法，肌膚修復的時間有可能

註＿ 敏弱肌多半是保養沒有做好，有時候臉部會比較容易乾、緊繃，或是容易出油。
　　 關於敏弱肌的詳細說明，請參見本書第 29 頁。

可能會是 3 個月、6 個月，也有可能是 3 年、6 年，甚至是 5、10 年，每個人都不盡相同。

儘管這樣的方式有用，但恢復時間有可能過長，過程也會太過辛苦，加上肌膚本身受慢性發炎的影響，平衡能力就已經先天不足，在這樣的情況下，若真的奉行什麼都不擦，像脫屑、脫皮、粉刺等已發生的臨床症狀，這類的情況就會變得更加嚴重。

這就像所有癮君子都知道吸毒對身體不好，但無論親朋好友在一旁再怎麼勸他不要吸毒，對已經上癮的人來說，往往是知易行難，就是做不到，特別是在不吸毒時，戒斷症狀就會變得比較嚴重，這種情況在老菸槍要戒菸的情況也常常可見。

| 養好肌膚的關鍵，要完全避免會引發過敏的保養品

追根究底皮膚還是要養，至於要怎麼養，是需要正確方法的。

首先，我會建議患者先停止使用之前他們常用的保養品及化妝品，而改以提供沒有含任何香料、抗菌劑或防腐劑，剔除任何可能會潛在造成肌膚慢性發炎成分的保養品，也因為沒有含任何香料、抗菌劑、防腐劑成分，所以產品無法久放，最好 3 個月內就要使用完畢。

曾有病患反應：「王醫師我所使用的保養品都是醫美級，針對敏感性肌膚設計專用的保養品，用這些保養品可不可以？」

這並非不行，也不是不可以，而是大部份知名的全球品牌，所製造的保養品其成分可以不放香料，但仍無法避免使用抗菌劑或防

腐劑，要不然這麼長時間的運送時間，光船期就要花上 3 ～ 6 個月，再加上後續鋪貨到通路的時間，整個花費的時間至少也要半年以上；換算下來，從商品出貨到消費者手上，產品至少要有 2 年以上的有效期，要維持這麼久的效期，一定得使用抗菌劑或防腐劑不可。只不過，為了減少過敏，製作商在抗菌劑或防腐劑的選擇上，相對會挑選不是那麼容易引發敏感的成份，盡可能不要給肌膚造成負擔。

｜配套導入有助喚回肌膚本身自我修復的能力

這也是為什麼我們要透過專業實驗室自己進行調配保養品的原因；今天調製，明天就可以直接從實驗室裡拿出來使用，在無需額外添加抗菌劑及防腐劑的情況下，能夠完全確保成分的新鮮度。當你擦了沒有含任何抗菌劑、防腐劑或香料的保養品，就能讓肌膚維持一個比較穩定的狀態，以進行自我修復，這便是我對於皮膚治療的精神所在。

除了提供不含香料、抗菌劑、防腐劑的保養品讓患者進行日常保養外，我們也有一些配套導入，協助肌膚更容易進行自我修復。為什麼需要導入協助呢？肌膚固然具備自我修復能力，但要費時多久才能修復並沒有辦法確定。

至於為什麼會有幾個月到幾年的差別？

這是因為肌膚的構造共有 5 層，代謝周期是 28 天，由於每個人體質不同，加上所使用的保養品成分親脂性強弱不一，而細胞膜

本身是比較親脂的，當所堆積的物質親脂性越強，就會跟基底層的細胞膜綁得越緊。在這樣的情況下，要讓這些綁緊的物質代謝掉的時間就會被拉長，適時藉由高科技儀器進行適當的導入，就有機會把跟細胞黏著較高的不當成分，透過每秒 100 萬赫茲震動的方式，慢慢的讓它們可以鬆開，變得比較容易被代謝掉。

包含雷射也同樣是利用光熱的原理，把鏈結鍵打斷，讓不好的物質比較有機會可以代謝掉之外，雷射還可以同時強化基底層，強化基底細胞及真皮層的膠原蛋白，讓膠原蛋白可以增生得比較厚實。

慢性發炎會讓膠原蛋白斷裂，選對雷射，如虹彩光、染料雷射、黃雷射，本身也有舒緩及抑制發炎的效果，能讓皮膚處在一個比較好的狀態，加速恢復健康，不管是使用導入或是雷射，主要的療程就是要喚回肌膚本身自我修復的能力。

| 養皮膚通常 6 個月內一定會看到成效

調養皮膚沒有辦法一蹴可幾，大概要 3 個月可以看到初步的效果、6 個月皮膚生理周期翻轉一輪，才能看到比較明顯的效果，有些如果積痾甚深，甚至要翻轉兩輪，才能達到比較根本的改善；假若想讓肌膚恢復得更徹底一點，也就是至少要花上 1 年的時間。到目前為止，來到我診所求診的患者，平均大約 6 個月的時間，皮膚狀態就會恢復得不錯。

3個月會見效，6個月會改善，1年的話是根本治療

1年療程

6個月療程

3個月療程

　　調皮膚、治酒糟最大的敵人就是耐性。想要看到最基本的效果，至少要堅持 1 個月，1 個月後會有一點點改善的感覺；若能堅持調養 3 個月，則會有明顯的轉變。在調養皮膚的過程，就像在排毒，有的人在第 6 周時會感覺肌膚狀態好像變嚴重了，不只是像減肥時碰到停滯期的問題，而是會感覺肌膚變得更不穩定，於是許多人會在這個時候忍不住放棄。這種狀態就像戒毒一樣，要努力堅持12 周，等撞牆期過了，就會開始感受到明顯的改變。我的病人們按照這個方式來調養皮膚，發揮耐心、堅持下去，皮膚的好轉會讓你很有感。

　　養皮膚其實就像農民在種田，田地需要休耕，讓土地能夠休養生息，恢復地力，可以說所有的論點都聚焦在「自我修復」。什麼都不要擦是一個選擇，但若是要加速翻轉、代謝，就像很多農民在土地休耕時，會種一些氮肥比較多的作物，像向日葵、油菜花等，避免農民過度使用土地及化肥，同時還可以增加地力。而光澤所提供的保養品及導入療程也是在協助肌膚恢復成一個好的環境。

｜醫美要達事半功倍之效需讓肌膚先穩定

不過要提醒的是，雷射不能亂打，醫美不能亂做，不論雷射或水光針等醫美療程，都是一種破壞再建設，如果皮膚狀況不穩定，就先破壞，反而未蒙其利先受其害。

以最近人氣很夯的皮秒雷射來說，它除斑的效果很好，但是臨床上我常常遇到不少有斑點困擾的人想來除斑，用了皮秒之後斑點不但沒改善，皮膚狀況還變得更糟。後來仔細回顧，這些人多數是屬於敏弱肌。

因此在這個情況下，我通常都會建議先養皮膚，不要急著打皮秒雷射，因為雷射本身是一種破壞，打下去後正常肌膚也會變敏弱，而本身就已是敏弱肌則是會因雷射變得更加不穩定。當肌膚處在不穩定的狀態，即使斑點掉了，有很大的可能會再次反黑，這是因為黑色素細胞相對不穩定所造成。雷射打斑的原理主要是藉由雷射的波長能量將黑色素爆裂後再結痂脫落，斑點就會消失不見。

不過，在治療診斷上，不時會出現醫生與病人對於「治療有成效」的不同認知，在醫生心中，所謂「治療成效」的重點在於讓斑點結痂脫落不見，但對病患來說，花了錢治療，便會希望之後斑點最好不會再出現，哪怕會再出現，晚個 3 年、5 年也好。

這之間的認知差異便是在當雷射把斑點打不見了，為什麼它會再長出來？

其實是黑色素細胞不穩定導致的結果。肌膚處在敏弱的狀態，再加上雷射能量的一個破壞，黑色素細胞就會變得更不穩定，不穩定的結果就是會再產生新的麥拉寧色素，甚至有可能會變得更黑，

這也是為什麼雷射常會有術後反黑的情況發生，不全然是沒做好防曬的關係，有些人防曬做得很好，還是反黑了，就是因為皮膚處於敏弱狀態所造成的。防曬只是減少讓黑色素變得不穩定的因子之一，把這個因子排除，就算不去曬太陽，只要肌膚狀態不穩定還是很有可能會變黑。

在這裡也提醒所有想進行醫美的人，最好在術前，不管是要除斑、膠原增生、電波拉皮等，都先把皮膚調好，才會達到事半功倍的效果。

皮膚若是處於一個敏弱、慢性發炎、膠原蛋白持續在流失的情況下，再花個幾十萬去打個鳳凰電波促進膠原蛋白增生，然後膠原蛋白又每天不斷在流失，再打個鳳凰電波，好讓它增生多一點……這樣不僅多花冤枉錢，效果其實也不佳。

此外，也有不少患者會問我是不是要一直使用光澤診所的保養品？事實上並不盡然，也不需要，倘若在調養過程中，覺得用得不錯要持續使用是絕對 OK 的，而在皮膚調養好，想要使用自己偏好的品牌也是可以的。

不過我遇過太多患者在皮膚調養好後再回去使用之前偏好的品牌，常常是折騰個 2、3 年後又變回敏弱肌，又再回到之前的惡性循環裡。所以，當皮膚養好後，若要使用自己偏好的保養品品牌，建議最好選擇該品牌裡針對敏感肌膚設計專用的保養品系列。

幾乎所有的大品牌都一定會有敏感肌專用的保養品系列，由於是針對敏感肌設計，就會相對把一些容易造成敏感的香料成分剔掉，在使用上也比較不容易造成肌膚的負擔。不是說其它不是敏感

肌專用的保養品不好，而是因為你的膚質就是比較敏感，並不適合使用，尤其是**處於慢性發炎的肌膚，最好就是什麼都不要碰。**

除了保養品的使用，也有不少人會問我：「那麼王醫師，我可以敷面膜嗎？」

當肌膚進入敏弱狀態時，我相對建議使用面膜最好要保守，若真的要敷面膜，連面膜紙的材質都要謹慎挑選。在臨床上，我就曾遇過好幾位患者，在進行雷射術後使用面膜濕敷時就過敏了，於是就只好改用紗布替代。

事實上，光澤診所所使用的面膜紙的材質已是純綿，但對部份

敏感肌患者來說，仍是太過刺激。改用紗布的好處是比較溫和，且也透氣，不過一般診所不使用是因為使用紗布的話，相對要使用的內含物就要更多，因為紗布容易將其中的成分吸掉，比較耗損，因此原則上若是居家的話，敏弱肌敷面膜就更不鼓勵了。我本來就一直強調，**敷面膜並非保養程序必要的一個步驟，清潔、保濕、防曬才是必要的。**

我之所以會比較強調及推廣敏弱肌的診斷及保養，除了因為敏弱肌發生的機率越來越高外，再來便是因為敏弱肌照護得好，就比較不會變成酒糟肌這類的疾病。當然，不幸變成酒糟肌時，一定要尋求醫生的治療，畢竟酒糟是被界定在肌膚急性發炎的狀態，它是一種疾病，當它被治療到一個階段時，就會回到敏弱，因此無論如何，敏弱肌的照護絕對是所有肌膚問題裡最根本的重中之重。

1. 「敏感肌」不是一種疾病,是一種肌膚狀態,是因為皮膚防禦力下降所導致的不適症狀。敏感肌可說是一種現代人肌膚的文明病,無論是先天體質或後天的內外在因素,都可能造成肌膚出現敏感症狀,如泛紅、刺癢、灼熱等;而長期使用不當的保養品或化妝品,是敏感肌的催化劑。

2. 敏感性肌膚主要是由慢性發炎所引起,而慢性發炎會加速肌膚老化、影響皮脂腺及汗腺及造成表皮及代謝周期產生變化。

3. 敏感肌常見的臨床狀況:臉比較容易紅、灼熱,有時候又會伴隨著發癢刺痛的感覺,甚至會有皮膚緊繃、脫屑或粗糙的情況,另外還有毛孔粗大、血管增生這些狀態。

4. 由於敏弱肌沒有辦法被定義的,只能被分類,是屬於正常肌膚裡比較敏感性的肌膚,就不完全能被歸在醫療的範疇裡,因此要改善敏感肌,只能靠保養。

5. 要養好肌膚的關鍵,在於療程中最好要完全避免使用保養品、化妝品,及遵循醫囑,若能徹底執行,通常 6 個月內一定會看到成效。這是因為皮膚有 5 層,一層的代謝周期是 28 天,所以一般的療程都會花費約莫半年的時間,肌膚才會有根本性的改善。

6. 提醒所有想進行醫美的人,最好在術前,不管是要除斑、膠原增生、電波拉皮等,都先把皮膚調養好,才會達事半功倍的效果。

3-2

揮別難纏酒糟肌，
減少復發的最佳對策

「王醫師，我的臉常常很容易紅，而且一紅就會伴隨熱和癢，嚴重時又有有一些痘痘膿皰產生，在其他家治療都反反覆覆，我到底該怎麼辦？」、「王醫師，我的臉上老是紅紅的，會不會是人家說的蟲很多造成的酒糟皮膚炎？」

在臨床上，造成臉部肌膚發紅有非常多種可能性，而其中最常見的，就是敏感肌，當敏感肌進入一個不穩定狀態，有臨床症狀時，我們稱之為「酒糟」；酒糟就是一種皮膚疾病。

酒糟為多因性疾病，其中蟎蟲為加重因子

酒糟的成因一直都有爭論，這是因為酒糟是多種因素綜合在一起所產生的皮膚病，有先天的因素也有後天的因素。先天的因素包含基因、體質、免疫失衡、神經血管活性不穩定等問題，後天則包含了外在刺激（如長期使用一些不當的保養品或化妝品、過度去角質、敷面膜打雷射過於頻繁）、常曬太陽、表皮障壁受損（錯誤的保養方式、長期使用類固醇）、皮膚菌落失衡等。

先天的酒糟肌涉及神經血管功能失調，其實很難治療；後天的酒糟肌則是皮膚因外在因素而一直處於慢性發炎的狀態；在比例上，儘管先天的人很少，盛行率約莫百萬分之幾，臨床上我還是遇到過十幾個。後天的酒糟患者就比較多，儘管成因不一，但後天的酒糟也多半是不適當的保養所造成的。

白天一定要防曬

先天與後天如何做區分？一般來說，30歲以後才出現的酒糟，大部份是後天的，先天的酒糟肌約在青春期就會開始出現。

酒糟肌的症狀極富特色，依照其外觀表徵以及發生部位的不同，粗略可分為四種型態：

酒糟肌的型態

❶ 紅斑血管擴張型（Erythrotelangiectatic rosacea; ETR）
臉部會出現明顯的紅斑，並有肉眼可見的微血管擴張。這個階段可以是短暫但頻繁的潮紅，也可以是長時間持久不退的紅斑，另外還會伴隨刺痛、發癢等症狀。

❷ 丘疹膿皰型酒糟（Papulopustular rosacea; PPR）
臉部除了有紅斑，另外還有紅色的丘疹與膿皰，看起來很像長了青春痘。

❸ 酒糟鼻
酒糟肌患者的鼻子會因為皮脂腺大量增生而明顯變大、凹凸不平。

❹ 眼周症狀
症狀出現在眼周附近，造成眼睛不舒服、乾燥灼熱等這些症狀會單獨出現，也會與前述三種酒糟皮膚型態一起出擊。

第一和第二種類型，是大多數酒糟肌患者的典型表現。至於差別在哪？最簡單的判別法就是：青春痘是從毛囊出來，如果看到粉刺，就不會是酒糟，酒糟不會有粉刺，但會有膿皰，但仍需由專業的皮膚科醫師診治後判斷，再決定下一步的治療方向。

對於酒糟，目前仍找不到真正的成因，這個疾病只能說是一種肌膚急性發炎的狀態描述，甚至因為找不到原因，也有一種論點是和胃裡的幽門桿菌引發免疫力失衡有關。

蟎蟲的生長是被誘發的：當肌膚呈現慢性發炎的時候，真皮層的皮脂腺和小汗腺分泌的品質會受到改變，因而形成適合蟎蟲生長的環境，蟎蟲自然就會生長得更厲害；而當蟎蟲過度增生的時候，就會引發更劇烈的免疫反應，譬如急性發炎，這時就叫酒糟。這也是一直以來，蟎蟲被認為是酒糟的加重因子，而非主要因子。

因此，就如前面講過，蟎蟲是一般人臉上也會有的共生寄生蟲，如果只是一味講求殺蟲，只會春風吹又生，甚至有抗藥性的產生，加上酒糟的成因複雜，不單單只跟蟎蟲有關，建議由醫師評估診治並適度調整藥物，搭配生活作息與保養習慣的改變，才能讓酒糟長治久安。

┃酒糟是肌膚全面性發炎，持之以恆才會有好的治療效果

酒糟是一個皮膚的急性發炎，它的發炎型態是從表皮真皮間隙，一路蔓延到真皮層，是屬於比較全面性的發炎。當真皮層發炎時，發炎本身就會造成血管增生，導致整張臉就會容易潮紅之外，皮膚也會呈現極度的不穩定外，由於真皮層涵蓋了附屬器，像皮脂腺就容易會產生小膿皰，毛囊則會產生一些像痘痘又不太像痘痘的丘疹，甚至會伴隨脫皮，皮膚就會變得很油、很乾、很敏感、又紅

又熱又刺。而當油水也開始失衡時，肌膚的菌叢就會重新平衡，一般在這個階段，蟎蟲就會大量增生，大量增生後又會讓整個發炎惡化，整體情況就會進入急速的惡性循環。

由於酒糟肌常見症狀為臉部微血管擴張、潮紅，或佈滿如痘痘般的丘疹和膿皰，常被誤診為過敏、痘痘，或是接觸性皮膚炎而延誤就醫治療，因此，若能分辨痘痘和酒糟的差異，對於治療上會有很大助益。

一般的治療都是以抗組織胺、抗生素、類固醇為主，基本上這種治療都是抑制發炎反應為主軸，屬於治標上的症狀緩解，如果對於為什麼發炎的原因沒有改善，只是為下一次發炎作準備。某些治療是給予外用藥膏，以減少皮膚發炎反應，由於蠕形蟎蟲本身是個加重因子，在這個階段進行殺蟲也對症狀的緩解有所助益。

在急性期，類固醇的使用是見人見智，我個人是不太鼓勵，畢竟發炎是個皮膚的防衛機制，是個過程、也是結果，如果要根本解決問題，必須要排除造成發炎的原因。

酒糟的治療過程，不見得都會一帆風順，病情常會因為類固醇戒斷、各種外用藥物的副作用、周遭環境以及本身身體的各種因素，會有短暫的惡化期，甚至病情起起伏伏。也因酒糟實在難纏，正確的診斷與治療才是對抗酒糟的不二法門，在治療時，切莫因短暫惡化期而放棄，同時也千萬別隨意買藥塗抹，只要方向正確，與醫師一起討論出解決方案，遵從醫囑，持之以恆最終都可以有很不錯的治療效果。

｜日常保養遵循「簡單」法則，養好皮膚才能減少復發惡化

日常的保養要遵守「越簡單越好」的原則，包含用清水洗臉、做簡單的保濕，但成分裡不能有任何香料、抗菌劑。我遇到不少患者說：「我用的保養品都是純天然的，應該沒影響吧？」其實這是迷思，因為很多訴求純天然的保養品，其成分多半是精油，效果反而更糟，並不是號稱天然就無傷，這是一個相當重要的概念。

酒糟患者有不少人在工作或出門仍有上妝需求，通常會建議等肌膚穩定再開始上妝，但在非不得已時，像是我有不少的求診患者都是演藝工作者，因要上鏡頭，得要上妝遮蓋紅斑，**在非得上妝不可的情況下，通常我會建議他們勉強使用礦物性的彩妝，事後一定要用不含皂鹼、植萃、色素或精油的溫和型界面活性劑徹底清潔**，以減少其堆積在皮膚又加重發炎的情況。

皮膚是身體的窗戶，不僅會反映飲食、生活習慣、環境，甚至還有日常保養的情況，所以不良的生活習慣，像是抽菸、喝酒，都會讓敏感肌的症狀加重，也同樣會讓皮膚狀態更加惡化，因此如要避免敏感肌的形成，甚至是遠離酒糟肌，除了要養成良好的生活習慣、減少菸酒、正常規律作息外，飲食應避免辛辣刺激性的食物、含酒精的飲料；另外，日曬、情緒緊張、壓力大，處在過熱或過冷的環境等，也容易使酒糟變得更加嚴重。

總結而論，不管是敏感肌抑或是酒糟肌，養好皮膚絕對是根本之道。

DR. SHINE
劃重點

Point
1 敏感肌是一種肌膚的不穩定狀態，酒糟肌卻是一種疾病，造成酒糟肌的成因眾多，是屬於是多因性的皮膚疾病。

Point
2 酒糟肌的症狀粗分四種。

| 紅斑血管擴張型 | 丘疹膿皰型酒糟 | 酒糟鼻 | 眼周的酒糟症狀 |

Point
3 丘疹膿皰型酒糟和蠕形蟎蟲有關聯，但蟎蟲是酒糟肌的加重因子，而非主要因子。如果只是一味講求殺蟲，也只是治標並非治本。

Point
4 酒糟肌治療漫長，切莫因短暫惡化期而放棄，同時也千萬別隨意買藥塗抹，只要方向正確，與醫師一起討論出解決方案，遵從醫囑，持之以恆最終都可以有很不錯的治療效果。

Point
5 日常的保養「越簡單越好」：
(1) 溫和清潔：清水洗臉，或是選用不含皂鹼、植萃、色素或精油、溫和型界面活性劑的臉部清潔產品比較適合。
(2) 單純保濕：成份單純、低敏，不含酒精、香精、色素或精油，並避免使用化妝水或噴霧，以免讓皮膚更乾。
(3) 做好防曬：酒糟嚴重時只用物理性方式防曬，如撐傘或戴帽子。

Point
6 無論是酒糟肌或是敏感性肌膚，藥物都只是治標非治本的方式；由於皮膚是身體的窗戶，飲食、生活以及環境還有日常保養皆會影響膚質，所以養皮膚及調理皮膚的完整肌膚管理，才是根本之道。

皮膚是身體的窗戶
養膚才是根本之道

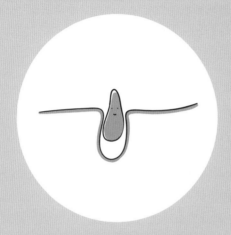

CHAPTER

04

草莓鼻走開！
毛孔狀態與膚況
息息相關

4-1

消除痘痘，
從認識粉刺開始

　　根據調查顯示，台灣有近 6 成的人深受青春痘問題的困擾，其中還有不少人甚至表示已經嘗試過多種抗痘方法，也去看了皮膚科，但痘痘問題始終不見改善。其實痘痘不僅是皮膚問題，更會影響心理，因此，本章會就痘痘肌的成因、與痘痘肌相關的皮膚問題，包含粉刺、毛孔粗大、痘疤及治療保養方式進行分享。

｜粉刺是痘痘的根源，沒有粉刺就沒有痘痘

痘痘又稱「青春痘」，正式名稱叫「痤瘡」，是一種很常見的皮膚症狀，是一種毛囊皮脂腺的慢性發炎疾病，通常都能自行痊癒，針對痘痘的治療，其實給任何一位專業的皮膚專科醫師治療都可以，不過一個非常重要的大前提，就是至少要給 6 個禮拜的治療時間，至於理由，我在痘痘肌的治療會再跟大家仔細分享，在這裡先讓大家理解痘痘肌的生成原因。

座瘡桿菌是人類皮膚正常菌叢的一部分，每個人臉上都有，只是多與少，真正會生成痘痘的關鍵其實在於「粉刺」；簡單來說，「粉刺」就是痘痘的前身，沒有粉刺，就不會有痘痘的問題，要解決痘痘肌，就得從「粉刺」下手。

有六個禮拜的治療時間

粉刺又是怎麼來的呢？真皮層內有皮脂腺，在正常的情況下皮脂腺會分泌油脂透過毛孔分散出去，來滋潤跟平衡我們的皮膚，而當我們的毛孔被廢棄的角質或不適當的保養品、化妝品所堵塞，造成油脂出不來，油脂就會在皮脂管內凝結成塊，形成粉刺；當粉刺遇到皮膚表面以皮脂為食物的「座瘡桿菌」時，就會造成座瘡桿菌大量增生，而過度增生的座瘡桿菌就會引發皮膚免疫系統的發炎反應，便會造成發炎反應，這就是痘痘。

粉刺是正常生理現象，切勿過度追求零粉刺狀態

粉刺主要有兩個種類，分別為「開放性粉刺」與「閉鎖性粉刺」。儘管這兩個名詞似乎常常聽到，卻仍有不少人分不清楚這兩者之間的差別。

當毛孔未全然被表皮層的角質覆蓋，稱為「開放性粉刺」，而開放性粉刺可再細分成「黑頭粉刺」、與「白頭粉刺」。其中的白頭粉刺就是不含麥拉寧或尚未氧化前的黑頭粉刺，一旦白頭粉刺接觸到髒空氣，產生氧化反應，或有表皮層的麥拉寧擴散過去，就會變成黑頭粉刺；而隨著皮脂的堆積，粉刺也會因而變大，當大到一定程度，就會撐斷表皮層的膠原蛋白，使毛孔變得更加粗大。

至於「閉鎖性粉刺」則又稱為「封閉性粉刺」，它的生成是由於真皮層內的皮脂腺過度分泌，加上表皮細胞過度角化，堵塞了毛孔，雖然不像黑頭粉刺般明顯，但閉鎖性粉刺容易因為發炎感染而發展成痘痘，且其發炎主戰場是在較深的真皮層內，所以相對較容易留下痘疤，需特別留意。

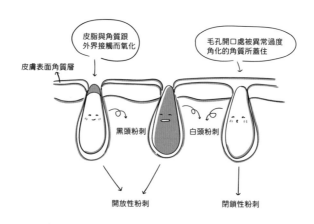

　　不過，並非是零粉刺就是最好，事實上，在毛孔裡面的粉刺，原本就是皮膚正常生理的一部分，本來就會存在，所以在這裡要釐清並強調一個重要的觀念：**千萬不要去追求完全沒有粉刺的皮膚，這是完全不可能發生的事。**

｜AB 酸是清除粉刺的好選擇，交由專業醫療院所定期清理

　　粉刺一旦形成，並無法藉由任何口服藥、外用藥或保養品、雷射手術使其完全消失不見的，不過，也別太擔心，粉刺跟角質其實就是代謝產物，身體在正常狀況下會自然清除。

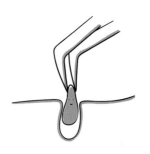

　　所以除了平時使用溫和的界面活性劑或清水，清除掉多餘的油脂和髒污，偶爾可去除粉刺，但頻率不宜過高，也不建議自己動手清理，比較推薦的方式像是去美容院讓人做清理，或者使用高端科技的醫學美容，例如使用 AB 酸進行溶解，以減少粉刺變成痘痘的機率。

　　但要提醒的是，若是選擇去美容院進行粉刺清理，則美容院的消毒工作要做得非常確實，無菌要求也要非常落實，因為在臨床上我常遇到不少去美容院反而清出問題的患者，並非是美容師的技術不好，而是在消毒上沒有落實，交叉感染下，反而造成更嚴重的痘痘，相較之下，比較建議尋找專業的醫療院所進行定期的粉刺清理。

　　醫療院所處理粉刺的方式常見的就是果酸，有大分子果酸及小分子果酸，常見的 AB 酸是一種複合式的酸類，顧名思義，AB 酸就是 AHA 果酸加 BHA 水楊酸，AHA 是小分子的果酸，能夠代謝廢棄的角質，並讓包埋在大顆痘痘裡面的粉刺浮出來。

　　至於小顆粉刺，同樣不建議用手去擠，不僅容易因手部不清潔而引發更嚴重的發炎，疼痛的程度也會加劇。所以針對小顆的粉刺，則是會使用 B 酸會進行溶解；B 酸是水楊酸的衍生物，水楊酸就是阿斯匹靈，既有鎮定抗發炎的效果，也有溶解粉刺調控皮脂腺的效果，由此可知 AB 酸對於粉刺是最好的一個選擇。

總結一下，痘痘肌並非完全是因為肌膚過度出油導致！乾性皮膚若保養不當也會出現粉刺；肌膚太油只是長痘的原因之一，如果皮膚最外層的「角質層」和「皮脂膜」未能正常運作，進而堵塞毛孔，就可能會生成粉刺和痘痘。要避免痘痘肌，一定要從根本的「清潔」著手，維持肌膚正常運作，養成健康膚質。再來，要了解粉刺是痘痘的前身，當粉刺生成時，就表示皮膚正處於「痘痘醞釀期」，這時就應該雙效控管粉刺與痘痘狀態，才能有效杜絕痘痘發生。在制定「抗痘大計」時，一定要先將粉刺問題考量進去，在皮膚長粉刺時就該注意！

DR. SHINE
劃重點

Point
1　「粉刺」就是痘痘的前身，沒有粉刺，就不會有痘痘的問題。

Point
2　一旦皮脂分泌過多，或者是角質代謝不正常，就會出現狀況。而塞住毛孔的皮脂、皮膚代謝物、角質及外來髒東西就是所謂的「粉刺」。當粉刺再遇到皮膚表面以皮脂為食物的「痤瘡桿菌」引起發炎時，就會產生痘痘。

Point
3　粉刺主要有兩個種類，分別為「開放性粉刺」與「閉鎖性粉刺」，在開放性粉刺裡，又有未氧化的白頭粉刺及已氧化變黑的黑頭粉刺。閉鎖性粉刺容易因為發炎感染而發展成痘痘，需格外注意。

Point
4　千萬不要去追求完全沒有粉刺的皮膚，毛孔裡的粉刺本就是肌膚的正常生理，重點是要維持肌膚的健康，以減少粉刺的生成。

Point
5　粉刺一旦長成，無法藉由口服、外擦的藥物，或是雷射進行完整清除，但仍要定期清理，不妨找專業的醫療院所進行，AB 酸對於粉刺是最好的一個選擇。

4-2

毛孔粗大怎麼辦？
預防毛孔粗大對策

毛孔粗大是眾多愛美的人士最常見的臉部困擾之一，為了掩飾，總是得塗上一層又一層的粉底與遮瑕，才能遮蓋住凹凸不平的肌膚。一旦遇上炎炎夏日，在過厚的化妝品覆蓋下，臉部不僅容易出油，更會導致痘痘與粉刺的生長，實在令人困擾。因此講解完關於粉刺的基礎觀念後，接下來要講的，就是毛孔為什麼會粗大？毛孔粗大有解方嗎？

▎毛孔是肌膚健康的重要開關，不要過度追求沒有毛孔的皮膚

毛孔粗大的確惱人，但首先要了解的是，毛孔跟粉刺都是皮膚正常生理的一部分，毛孔就是皮脂腺、汗腺直接在肌膚表皮上的開口。

肌膚裡的皮脂腺會自己分泌油脂，以達到皮膚油水平衡及保濕的效果外，皮脂腺也是皮膚正常菌叢營養的來源，由此可知，毛孔有重要的功能，同時也是肌膚健康的重要開關，包含溫度靠它調節、多餘毒素靠它排出，正因毛孔如此重要，千萬

每一個人的臉部，平均每一平方公分就有 800 ～ 1000 個毛孔。

不要一味的追求沒有毛孔的皮膚；當肌膚毛孔完全消失時，肌膚也會開始出問題。

至於什麼樣的情況下，毛孔才會消失？其實只有一種，那就是在沒有皮膚附屬器（皮膚附屬器包括毛囊、皮脂腺、小汗腺、頂泌汗腺〔大汗腺〕及指甲等）的情形下，也就是變成疤痕組織才不會有皮膚附屬器的產生。

毛孔白話點說就是一個洞，這個洞穴的周圍是由膠原及彈性蛋白負責支撐，就如同磚石般鞏固，在一般的情況下，毛孔因此能維持正常的大小。但若是洞被硬塞了好多東西，塞到最後甚至超過洞穴的正常容載量了，就會讓原本的洞穴往側邊發展，所以簡單來說，洞會變大最常見的因素就是被裡頭所塞住的東西撐大所導致。

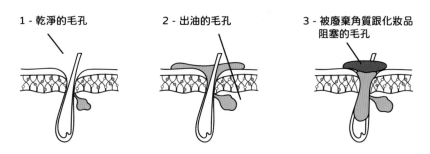

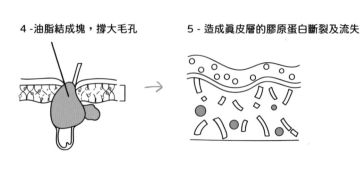

那這些塞進洞穴，也就是毛孔中的物質是什麼呢？通常是皮脂腺分泌的皮脂，一不小心分泌太多，或是粉刺過多，都會讓毛孔被撐大，毛孔及粉刺可說是息息相關。

假使毛孔不暢通，當皮脂腺分泌旺盛時，所分泌出皮脂會通通堵在肌膚底層，一旦在毛孔裡時間待久了後，便會慢慢堆積油脂形成粉刺，然後油脂會再持續不斷的包覆粉刺，讓粉刺變得越來越大顆，變大的粉刺就會慢慢的把毛孔撐大，之後粉刺、痘痘就長不完了！而當粉刺把毛孔撐大後，在毛孔周圍支撐毛孔的膠原蛋白就會被大到一定程度的粉刺擠壓而被撐斷，這樣又會造成什麼後果呢？

相信很多人一定有這樣的經驗，好不容易擠出一顆好大的粉刺感到很開心，以為將粉刺擠出後，毛孔便會自然縮小，沒想到擠出粉刺後，毛孔不但依舊很大，而且反而看起來更明顯，這就是因為毛孔旁邊的膠原蛋白已經被粉刺撐斷、流失掉了所導致的情況，換句話說，洞穴旁的土石鬆動，也會讓洞變大，所以除了粉刺會造成毛孔粗大，不當擠壓，也會加速毛孔的擴大、鬆弛，若是容易手癢，常常去擠粉刺或是摳痘痘，不當的擠壓就很有可能會把組織搞到發炎甚至留疤了，毛孔粗大自是更難回天！

此外，**由於夏天肌膚出油量大、流汗又多，相較冬天，毛孔更容易拉警報，就有不少人會固定去角質，但過度清潔反而會造成角質被破壞、肌膚防禦力下降，產生反效果。**

容易造成毛孔粗大的原因還有：「內分泌失調」。當壓力來臨時，體內的腎上腺素和雄性激素的分泌也會大增，油脂突然快速分泌，毛孔口徑突然之間被撐開，就會彈性疲乏，另外還有使用不當的保養品造成毛孔阻塞、老化造成的膠原蛋白流失跟彈力蛋白流失，也會讓毛孔變大，其中日曬更是最大元兇。

|清潔、保濕、控油是預防毛孔粗大的三大基礎工作

　　知道了毛孔為什麼會粗大後，要阻止毛孔繼續擴大，就得做好「清潔、保濕、控油」這三項基礎卻又關鍵的工作，尤其常出油、毛孔粗大的人更需要做好清潔的工作！

　　這是因為過多的皮脂很容易和空氣中的髒污結合外，沒卸除乾淨的殘妝以及每日隨汗水排出的蛋白質、污垢等，也都會加重毛孔阻塞狀況。所以每天早晚，記得一定要適度清潔，並定期把毛孔裡面的粉刺跟髒東西做深層清理，避免皮脂、粉刺以及外來髒東西阻塞毛孔，讓毛孔被撐大。

　　至於清理毛孔的頻率，一般而言，油性肌的話比較建議 1 個月一次，儘量不要超過 2 個月才清理。不過，在夏天因皮脂易出油，頻率可以縮短至 2 個禮拜到 1 個月清一次，冬天的話就是 1 個月到 2 個月清一次，視個人膚質而定。相較油性肌，中性肌深層清潔毛孔的頻率無需那麼多，2 個月或 3 個月清一次毛孔裡面的粉刺跟髒東西即可，不建議太過頻繁。倘若肌膚是屬於乾性肌，毛孔深層清

潔時間又要再拉長一些，大概 3 個月到 6 個月，適度的進行一下粉刺的清理跟強化保濕。

作為肌膚健康的根本，保濕是保養不可或缺的一環！當肌膚充滿水份時，肌膚機能就會回歸正常、油脂不再莫名其妙亂竄，毛孔當然就不會生病！而保濕跟控油是一體兩面的，再次強調，保濕做得好皮脂泌油量就會下降，保濕做得好，肌膚在健康狀態下，真皮層的膠原蛋白跟彈力蛋白也能更牢牢的緊抓住水分，當水分抓得多及牢固，膠原蛋白素跟彈力蛋白素就會吸水脹大，相對也就會比較有彈性、不容易斷裂，減少毛孔被撐大。

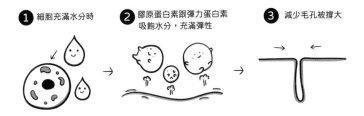

1 細胞充滿水分時　　**2** 膠原蛋白素跟彈力蛋白素吸飽水分，充滿彈性　　**3** 減少毛孔被撐大

另外，就是確實防曬，這是抗老化最基本的步驟。避免膠原蛋白與彈性蛋白的流失，讓毛孔失去支撐，還有就是前面叮嚀過的避免不當擠壓，隨意擠粉刺或痘痘造成的發炎或疤痕都會讓毛孔，也就是洞穴地基不穩定，更容易被撐大。

▍在使用雷射介入縮小毛孔前 務必先做好毛孔清理工作

在防止毛孔變大之際，當然也有更積極的縮小毛孔方式，像是使用酸類，不過使用酸類的治療方式，敏感性肌膚的人要謹慎使用；另外就是適度配合使用一些高科技的儀器，像是雷射，刺激膠原蛋白增生，達到縮毛孔的效果。

不過，要採用雷射前，毛孔裡的粉刺及髒污清理一定要落實，若是沒有執行這個步驟，在毛孔裡尚有粉刺、髒東西的情況下，就直接使用高科技儀器去縮小毛孔或刺激膠原蛋白增生，反而很容易造成毛孔縮不了，卻又因毛孔被髒污及粉刺卡住，為了增加效果，醫生會把劑量加高，在劑量加高的情況下，儘管毛孔會縮，由於裡面的髒東西跟粉刺並沒有不見，還在毛孔裡，便容易會形成閉鎖性的粉刺或小膿皰。這也是為什麼有些人在打完淨膚雷射或皮秒雷射反而會開始大冒痘的原因，這就是在施打雷射前，沒有適度進行毛孔粉刺跟髒污的清理所導致的情況。

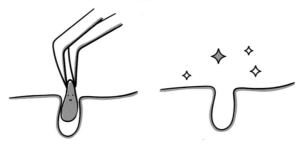

　　在粉刺的篇章裡，我便強調，粉刺一旦形成了，沒有任何保養品、藥物或雷射可以讓粉刺完全不見，只有透過 AB 酸，或者是做一些生活美容，像是夾粉刺的清理動作才有辦法暫時清除。

　　而雷射本身是一種破壞，不僅會改變正常菌叢，在粉刺不可能不見的前提下，去改變正常菌叢，或者將粉刺打成閉鎖性粉刺，這些閉鎖性的粉刺就非常可能會變成痘痘。所以，想縮毛孔，第一步一定要落實清理毛孔裡面的粉刺跟髒東西，高科技儀器的使用才是接下來的步驟。

｜由專業醫師判斷成因，客製適合療程才會事半功倍

目前，能改善毛孔問題的高科技儀器相當多，像是以養膚保水、代謝角質概念出發的二代飛梭或是二氧化碳飛梭，及不同深度、不同強度、不同波長的雙皮秒，亦可全面增加毛囊周圍膠原蛋白及彈性纖維含量，針對老化性毛孔跟疤痕性毛孔效果頗佳，而淨膚雷射同樣也能改善毛孔問題。

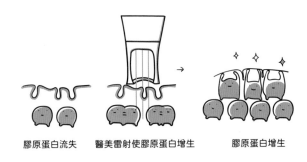

膠原蛋白流失　　醫美雷射使膠原蛋白增生　　膠原蛋白增生

這些高科技儀器對於促進膠原蛋白增生的幅度不盡相同，也會產生不同的修復期，因此想要藉由醫美療程改善毛孔問題，就必須仰賴專業醫師一開始準確判斷毛孔粗大的原因，針對不同的類型的毛孔問題對應不同的治療方式。此外，患者膚質敏感與否、工作型態是否能接受修復期、有無潛在皮膚疾病，都會左右最適合的療程的選擇，都必需納入考慮。

可以說，**清潔保濕防曬這三部曲是一個必備且非常重要的基本功，甚至一切的醫學美容，也非得要依據這三個基本功不可，才能達到事半功倍之效。**

CHAPTER 4

草莓鼻走開！毛孔狀態與膚況息息相關

DR. SHINE 劃重點

Point 1 毛孔是皮膚正常生理的一部份，它也是肌膚健康的重要開關。

Point 2 膚質偏乾、日曬、膠原蛋白流失等因素會使肌膚少了支撐力，毛孔變得鬆垮、凹陷，導致肌膚老化，形成毛孔粗大；另外，油脂分泌過多，毛孔容易堵塞，使毛孔變大，若因臉部清潔保養不當，不慎形成粉刺痘痘，若是沒有處理的話，會讓毛孔粗大加速老化。

Point 3 要解決並預防毛孔粗大，建議要維持正常生活作息，維持正常油脂分泌，適度清潔避免皮脂阻塞堆積，並且適當保濕肌膚，千萬不過度擠粉刺痘痘，不當的擠壓會造成毛孔粗大，甚至是留下疤痕。

Point 4 對在意毛孔粗大的人而言，一定要做好清潔、保濕還有控油這三項基本工作，而敏感性肌膚要留意使用頻率跟肌膚的接受度。

Point 5 若毛孔過於粗大，可尋求醫美雷射，但在進行之前，一定要先把毛孔裡面的粉刺跟髒東西做清理。

Point 6 目前，能改善毛孔問題的高科技儀器相當多，必須仰賴專業醫師進行療程判斷及諮詢，進行客製化調理才會有好的效果。

戰痘前先知己知彼，
才能百戰百勝

在 4-1 中，有提到青春痘的正式名稱為「痤瘡」，根據統計，痤瘡是全球八大常見疾病之一，發生率之所以會如此高的原因，是因為每個人臉上都有痤瘡桿菌，只是多與少，受到生活作息與飲食不正常的影響就易引發，是一種非常常見的皮膚症狀。

由於臉部、頸部、前胸與背部的皮脂腺分泌旺盛，很常會長痘痘，至於其它身體部位也會長痘痘（又稱毛囊炎）。造成皮脂腺分泌過多的原因很多，常見的原因有：保養品使用不當或是內分泌不平衡，這又與生活作息有關，像是各種壓力或是日夜顛倒、睡眠不足等都容易造成荷爾蒙平衡被打亂，一旦荷爾蒙的平衡被打亂，便會影響毛孔角質、皮脂分泌，就容易長痘痘。

此外，營養不均衡，或是常常在進行節食減肥，這些不當的飲食習慣也都會讓維持皮膚健康所必須的維生素、礦物質攝取不足，若再加上攝取過多糖分，便會造成皮膚角質增生，皮膚變差成為容易長痘痘的膚質。至於吸菸、愛吃油炸、辛辣食物，甚至使用錯誤的護膚方式等，也都會造成痘痘的產生。

❶ 保養品使用不當，或是錯誤的護膚方式。
❷ 生活作息導致內分泌失調。（各種壓力、日夜顛倒、睡眠不足使荷爾蒙不平衡）
❸ 不當的飲食習慣。營養不均衡、節食減肥、攝取過多糖分、愛吃油炸、辛辣等刺激性食物。
❹ 不好的生活習慣。例如：抽菸、錯誤的皮膚清潔方式。

| 痘痘是肌膚發炎的狀態，發炎情況嚴重要儘快就醫

至於痘痘的種類，首先再替大家複習一下：**生成痘痘的關鍵其實在於「粉刺」，「粉刺」就是痘痘的根源**，沒有粉刺就不會有痘痘，粉刺與真正痘痘的區別，就在於是否發炎，粉刺因為沒有發炎，所以不會紅腫，摸起來就是表皮下面有一顆一顆的感覺。

雖然粉刺無法靠口服、外擦的藥物，或是雷射進行完整清除，但由於它是痘痘的前身，仍要定期清理，不妨找專業的醫療院所進行，AB 酸對於粉刺是最好的一個選擇。

再來，則是發炎的青春痘，嚴重的發炎反應有可能侵犯到皮膚的深層，侵入得越深，留疤的機率也越大，這部份會在痘疤的章節分享。而進一步就發炎程度，可分為丘疹、膿皰、囊腫、膿瘍等類型。這些類型中，最輕微的是丘疹型青春痘，主要是因為堵塞的毛孔周圍產生發炎反應所導致，除了會有些疼痛外，毛孔周圍的皮膚通常都是粉紅色的。

接著若發炎情況嚴重，就會出現整個毛孔阻塞、化膿，甚至整個發炎狀況刺激深入到整個真皮層，造成更劇烈的發炎反應，若出現這些情況，千萬不要在家裡自行解決，最好儘快就醫。

| 痘痘治療首重消炎，最後才是處理痘疤

肌膚出現痘痘，在治療方面會分成三個階段。

第一階段，重點就是要趕快讓發炎的痘子消失。這是因為發炎的痘子，如果持續發炎下去，或者發炎的頻率越多，就有可能會留下疤痕，一旦變疤痕，即便花上再多的錢，也都救不回來原來漂亮光滑的皮膚。

第二階段，針對毛孔裡面的粉刺跟髒東西進行清除，免得又會產生新的痘痘。再次強調，粉刺是痘痘的根源，沒有粉刺就不會有痘痘，當皮脂累積在毛孔，使毛孔微微張開，外觀呈現出如同針尖般的白色點點，稱為白頭粉刺，而當白頭粉刺和老廢角質、油脂混合在一起，又遇到汗水、空氣中的髒污，氧化後就會變黑，就會形成所謂的黑頭粉刺，而這些粉刺若持續發炎，就會出現上述的痘痘種類，並會出現紅、腫、熱、痛等症狀。

第三階段才是處理痘疤。若不先讓發炎的痘痘穩定下來，並把粉刺先做一番清理的話，就會演變成要一邊處理舊的痘疤，一邊粉刺、痘痘又繼續發炎產生新痘疤的情況，反而會變成陷在一個惡性循環裡面，而無法有效解決痘痘問題，所以對痘痘的治療，觀念正確很重要。

| 痘痘治療需長期，清除粉刺及減低泌油量為關鍵

和所有的肌膚問題都一樣需要調理，治療痘痘也是要讓皮膚從油性肌膚慢慢調成中性肌膚，如此一來，在膚況穩定的情況下，粉刺比較不會形成，而皮膚表層的正常菌叢生態會變得比較平衡，益生菌也容易增生，肌膚自然就會變得比較健康、有光澤。

傳統的治療痘痘方式主要分為
兩種，分別為外用藥及口服藥。常
見的外用藥，包含：外用抗生素、
外用 A 酸、杜鵑花酸、過氧化苯
及硫磺製劑（硫磺亦有去角質作

用），而常見的口服用藥，則有抗生素、口服 A 酸、四環黴素及其
它非抗生素之口服藥。

　　由於痘痘是慢性疾病，並不是一天或兩天就能解決的，必須長
期治療，不少求診者往往認為一定要在短時間內看到效果，一旦療
效反應不如預期就自行中斷療程，或是換一家診所看診，導致有很
多患者明明已經去過好幾家皮膚科治療，但是青春痘問題始終沒有
解決，這樣不僅使治療效果大打折扣，也可能對藥物已經產生抗藥
性，增加後續治療的難度。

　　一般而言，發炎的痘痘如果超過三顆以上，就會建議患者將口
服藥或擦的抗生素列入治療選擇。假使有人傾向採用不吃藥的方式
治療，AB 酸換膚治療則可成為不想吃藥的人的一個選擇。至於情
節嚴重者，痘痘雷射或藍光則是在不吃抗生素的情況下的另一個選
擇。

　　無論如何，**痘痘的治療有兩大關鍵，一為「清除粉刺」，二為
「減低泌油量」**，是非常重要的抗痘第一步。基本上痘痘一旦出
現，就表示細菌已經孳生，因為對細菌而言，粉刺是生長的營養補
給品，而隨著細菌茲生也會使肌膚的防禦力下降，加速細菌孳生速
度，形成慢性發炎的惡性循環。

在拯救痘痘的最初期，也就是針對發炎期，我們會使用 AB 酸先進行粉刺的清除，並達到加速老廢角質的代謝及暢通毛囊管防止毛孔阻塞，讓油脂代謝排出，改善粉刺肌膚，亦可刺激真皮層的膠原蛋白及彈力纖維增生。至於減低泌油量，除了均衡飲食、正常作息、充足睡眠外，還是得回到「清潔」、「保濕」、「防曬」這三項基本功。

用手擠痘易造成反效果，痘痘治療最好交由專業

不過，要提醒的是，市面上許多保養品也有 AB 酸成份，受限於安全濃度的關係，其速度及效果不如專業醫美所使用的高濃度 AB 酸，高濃度的 AB 酸也請勿自行調

配嘗試，使用 AB 酸去粉刺的療程絕對需要交由專業醫護人員執行操作。酸類換膚的治療前後都應該避免對皮膚有刺激性的保養品及藥物，以免導致過度傷害，嚴禁使用含刺激成分的護膚品或藥品，如含有高濃度左旋維生素 C、水楊酸、維甲酸等，特別是个要冉使用去角質產品或者磨砂膏。

同時，治療後表皮必定受到不同的程度的破壞，因此後續防曬等保護必須特別注意，最好使用 SPF30+ 以上的防曬、晴天需出門打傘、戴口罩、嚴禁曬日光浴以免發生色素沉澱，曬後儘量使用保濕、曬後修復產品（如蘆薈膠）。

有很多人在長痘痘後總是會情不自禁、忍不住想去擠，擠痘痘這件事，我是非常不建議的。痘痘的成因，在於它是處於一種發炎的狀態，假使用來擠痘的雙手不是完全無菌，手上的菌叢便會藉

由擠痘痘的動作，被帶到痘痘的發炎環境裡，會引發更嚴重的發炎外，在擠痘痘時，往上往下的施力不均，往上用力可能會讓痘痘裡的膿液噴發，造成內部組織更大的一個拉扯跟傷害；往下用力的話，也可能會讓細菌更往內竄、竄得更深，進而引發更嚴重的發炎，如此一來，不但可能導致更危險的蜂窩性組織炎，更會大幅提高留疤的機會，看到痘痘，千萬不要逕自亂擠。

最後，即便是針對痘痘進行雷射醫美療程，深層清潔的步驟絕不可以馬虎及省略，毛孔雖然能夠藉由雷射縮小，但若是粉刺仍被包在毛孔裡沒被清除出來，不僅會影響實際效果，也會再導致問題再度發生；同時，清潔也不是進行一次就一勞永逸，就像鐵器用了會生鏽，除鏽也是必備的日常保養工作。

治療痘痘有其必要性的，由於痘痘狀況比較難自行判斷，很可能患部已經感染而不自知，還是需要交由專業醫師判斷症狀，才能對症下藥，以避免痘痘症狀加重，造成色素沉澱，甚至留下永久性的疤痕，因此想要打擊惱人的痘痘問題，除了配合皮膚科醫師治療，建立正確的抗痘知識也很重要。

－輕雞尾酒雷射－

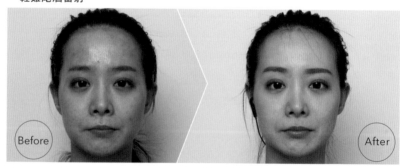

DR. SHINE
劃重點

Point 1 粉刺是痘痘的根源,沒有粉刺就不會有痘痘。

Point 2 對於痘痘的治療,觀念正確很重要,一般而言,治痘有三個階段,第一個階段趕快讓發炎的痘子消失,以減少痘疤產生的機會。再來便是要針對毛孔裡面的粉刺跟髒東西進行清除,免得又會產生新的痘痘,最後一個步驟才是治療痘疤。

Point 3 痘痘是慢性疾病,需要長期抗戰,「清除粉刺」及「減低泌油量」是非常重要的抗痘關鍵,唯有讓肌膚回到穩定狀態,才能揮別痘痘肌。

Point 4 使用 AB 酸清除粉刺的療程,一定要交由專業的醫護人員處理,治療後要做好防曬及保濕,切忌自行亂擠痘,因為沾附於手上及器具上的細菌,也可能就此入侵傷口,使得發炎狀況更為嚴重,甚至傷害至真皮層留下痘疤。

Point 5 深層清潔的步驟絕不可以馬虎及省略,清潔完善才能讓醫美達事半功倍之效,同時清潔也是日常必備的保養工作。

Point 6 治療的目的除了在於改善青春痘造成的外表不佳,更重要的是避免後續產生難以抹滅的痘疤問題,建立正確抗痘的觀念十分重要。

4-4

拯救花花臉，
痘疤治療不要拖

　　如何消除痘疤，一直是痘痘族群的大困擾，尤其是許多人在年輕時長了青春痘，卻處理不當，留下滿臉痘疤，然而痘疤形成了事後再去補救，即使花再多的錢，也不一定救得回原本漂亮的皮膚，所以在面對痘痘問題與痘疤威脅的時候，「預防勝於治療」絕對是金科玉律。

　　因此，當痘痘產生時，最好的預防痘疤方式，就是即時找醫師治療，才能避免紅腫痘痘消腫後，還留下「長過必有痕跡」的痘疤作紀念。

痘痘在症狀消失後，最容易留下痘疤、痘印

| 疤痕型痘疤較為棘手，建議儘早治療避免留疤

痘疤分為「凹、凸、紅、黑」，這四種類型，而這四種類型又可分為色素型與疤痕型兩種。

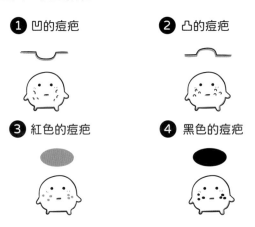

❶ 凹的痘疤

❷ 凸的痘疤

❸ 紅色的痘疤

❹ 黑色的痘疤

色素型的痘疤，就是黑色跟紅色的痘疤，也就是黑褐色斑點或持續性的發紅現象，是痘痘癒合後因組織發炎而留下的色素沉澱，嚴格來說稱為「痘斑」。

基本上，之所以產生紅色痘疤有兩種可能：一種是正在發炎，另一種則是正在修復。至於黑色的話，則是上述的由發炎後留下的色素沉澱所形成。有時候，紅跟黑的痘疤會重疊產生，由於影響部位集中在表淺肌膚，通常不須侵入治療就能恢復白淨，只要適度的保養以及用雷射的介入的話，就一定會完全消失，處理方式遠較凹陷或凸起痘疤容易，而且也比較不會持續惡化變成凹的痘疤。

疤痕型痘疤有凹跟凸兩種，凹痘疤產生原因是膠原蛋白斷裂流失所致；而凸痘疤是膠原蛋白在組織修復的過程中因為纖維母細胞

CHAPTER 4

草莓鼻走開！毛孔狀態與膚況息息相關

過度活躍產生不正常的增生所致，而增生的膠原蛋白其排列可能變得比較不規則，所以就變凸了。

凹的痘疤跟凸的痘疤難處理

其中，最常見的是凹痘疤，它也是被公認最棘手的痘疤！多半是因為在痘痘急性發炎時，沒有即時找醫師治療，甚至用不當的方式自行處理，如徒手擠痘、因而導致痘痘發炎更嚴重，加速真皮層膠原蛋白流失，而使得皮膚塌陷、組織沾黏而留下凹痕。

一旦形成凹的痘疤，就得視痘疤凹陷的深度跟薄度來判斷如何治療；不過一旦痘疤形成，無論花再多錢，都只能讓痘疤平整，並沒有辦法讓它完全不見，凸的疤痕也是如此，能做到的程度就是至少讓痘疤看起來比較不是那麼的明顯。

在治療方面的話，疤痕的處理自然是越早使用雷射介入的效果會越好，這樣的方法，對於越淺層的痘痘，越不會產生留疤的疑慮。

一般說來，色素型的痘疤 60% ～ 80%，都會自然痊癒，但如果超過 3 個月以上色素沒有退或是沒有變淡，自然恢復的機率就越來越小了，而不論是色素型或者是疤痕型的痘疤，如果超過 6 個月以上，就不可能恢復了，一定要使用高科技的雷射介入才能改善。因此，若你冒出一顆痘痘在消去後，摸起來卻有點凹，建議就要盡快讓雷射治療介入，尤其是 6 個月內，就很有機會不會留疤。

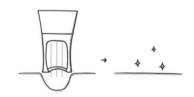

－輕雞尾酒雷射－

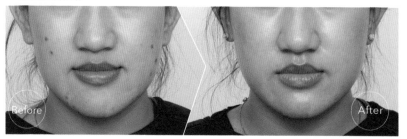

Before / After

｜雷射可針對各種的痘疤進行處理，客製化治療才有好的效果

　　治療的方式則分為：有修復期的跟沒有修復期的；以沒有修復期的治療方式來說，目前效果最好、最明顯的就是皮秒雷射。皮秒雷射可處理凹疤、黑色的疤及紅色的疤，都有不錯的效果。紅色的疤，除了皮秒外，染料雷射的效果也不錯，黑色的疤則是可使用淨膚雷射。凹疤的話，由於涉及膠原蛋白流失，所以就是以飛梭雷射跟二氧化碳雷射，這兩種雷射的使用效果是最卓越的。

　　不過，凹疤治療是個破壞重建再修復的過程，不同的凹疤需搭配不同的處理方式，常需要多次處理的互相搭配，才能達到較好的效果。

－彩衝光－

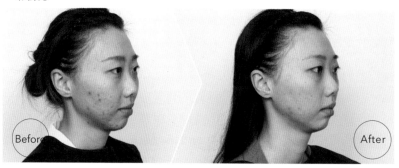

Before / After

當痘痘產生時需積極治療，以降低發炎減少皮膚破壞與色素沉澱，同時做好防曬工作，千萬不要自己亂擠或塗抹不知名藥物、偏方。

若不幸留下痘疤，最好先給專業的皮膚科醫師評估，選擇適當的治療方式，畢竟每一個人的痘疤型態、深度、面積大小都不一樣，甚至對於治療效果的期待，能接受的恢復期長短也各不相同，因此需要客製化的治療，才能達到較好的效果。

｜清潔跟保濕、防曬是預防痘痘肌的關鍵 3 件事

要避免痘痘惡化以及反覆滋長，降低粉刺造成毛孔粗大、粉刺形成痘痘、痘痘形成痘疤等問題，揮別痘痘肌的最好方式，還是要從生活、飲食及保養做起。

飲食方面就是減少攝取高醣類、精緻澱粉，這些容易造成皮脂腺分泌增加的食物。另外，就是拒絕高油脂及菸、酒、辛辣油炸的東西，通常這一類比較容易讓人上火的食物都是會導致皮脂腺旺盛分泌而產生痘痘。當然，常常熬夜則會讓免疫力低下，降低肌膚的防禦能力，都會增加痘痘冒出來的機會。

對痘痘肌來說，清潔跟保濕、防曬是非常重要及關鍵的三項工作！

對於脆弱的痘痘肌來說，要避免過度清潔和適當保濕是非常重要的，才能維持健康的角質層與皮脂膜，建議從根本的清潔著手，選擇溫和不刺激的洗面乳，維持肌膚正常運作，才能養成不易冒痘的健康膚質，**如果過度清潔肌膚，傷害到皮脂膜和角**

質層，導致角質層不正常代謝，老廢角質異常代謝，堆積於表皮層堵塞毛孔、形成粉刺後，進一步發炎，變成紅腫痘痘。

至於清潔頻率的話，一天的話大概就是一次到兩次的洗臉，若出油的情況很嚴重才最多三次。不過，在前面論述油性肌膚時，已有強調，肌膚很容易出油並不是洗臉的次數不夠，有時候是受飲食、溫度等因素影響，更可能是錯誤的保養所導致。

由於肌膚的油跟水是一個像翹翹板似的平衡，保濕沒有做好，肌膚便會出現代償性出油，泌油量會自動增加，以強化保濕效果，所以對痘痘肌來說，保濕做得好的話，基本上泌油量便會下降，並讓肌膚容易回復到平衡的狀態，所以適度的補水很重要。

除了洗臉的次數不建議太多次以外，去角質的頻率也不建議太過頻繁，大概是一個月去一次就足夠了。假設你覺得自己的臉皮比較厚的話，則最多一個禮拜去一次；在一般正常的情況下，我真的不太建議太頻繁的去角質，因為去角質本身對肌膚也是一種破壞，凡事最好不要過與不及。

去角質的頻率一個月一次

最後是防曬。針對痘痘肌的防曬，最常遇到的問題就是：

「防曬產品這麼油，是不是用了就容易長痘痘！」、

「是不是選物理性防曬對皮膚比較好？」

痘痘肌雖然比一般的肌膚更脆弱，但也不建議不擦防曬，防曬適度就好，建議選擇不刺激、無負擔的成分，減少肌膚的負擔。

很多人認為物理性防曬比較安全，因此痘痘肌應該要使用物理性防曬產品。但實際上物理性防曬產品，含有氧化鋅和二氧化鈦，必須做得比較油才能有效讓粉體分散達到均勻遮蔽的效果，因此相較化學性防曬會比較厚重，這對於需要透氣的青春痘感染反而未必有利。

相較之下，能把質地做得比較清爽的化學性或是混和型的防曬似乎是痘痘肌比較好的選擇，不過也同時要考慮整體的配方對皮膚是否造成過度的負擔，尤其是對既痘痘肌又合併過敏肌的人而言，這也未必是一個很好的選擇。

近年來，隨著科技的進程，奈米化的物理性防曬成分已在改善這個問題。而光澤也與日本的皮膚專業團隊進行合作，共同開發出噴霧型防曬。這個噴霧型防曬本身是物理性防曬為基底，然後利用高科技技術將成分做成奈米粉型的物理性防曬，噴出來的顆粒會非常的細及均勻，也不會黏膩，更不會阻塞毛孔。另外，痘痘肌比較不適合擦太油膩的保養品，保養品的數量也不建議使用太多。

總結來說，痘痘肌的保養，清潔是最重要的，再來要適度的控油，像是使用化妝水進行控油，最後再加一瓶類似玻尿酸或凝膠類的保養品就十分足夠了，若覺得乾，想要擦乳液的話，同樣建議使用清爽的乳液，厚重的乳霜或油膏就比較不適合。

掌握以下抗痘三關鍵，就可遠離痘痘肌！

抗痘 3 必知！

❶ 適度減少油脂，避免造成青春痘的細菌滋生！
❷ 有效安全去角質，幫助皮膚代謝，找回健康毛孔！
❸ 正確即時殺菌，減少造成青春痘的細菌！

千萬別以為痘痘肌保養，只要使用抗痘保養品，這是錯誤的觀念，要正確抗痘，一定要使用正確的保養方式，才能使肌膚水潤有光澤。

DR. SHINE 劃重點

Point 1 痘痘在症狀消失後，最容易留下痘疤、痘印，因此平常就應該預防痘痘的生成，一但出現前期症狀的痘痘，就需要好好治療、加速痘痘代謝，預防留下痘疤、痘印。

Point 2 痘疤分為黑、紅、凹跟凸的痘疤這四種類型，而這四種類型又可分為色素型與疤痕型兩種。相較於黑、紅這兩種色素型痘疤，疤痕型痘疤更難處理。建議要儘快讓雷射治療介入，尤其是 6 個月內，就很有機會不會留疤。

Point 3 依痘痘的嚴重程度，適時向皮膚科醫生諮詢，並耐心依照醫生指示用藥。養成規律作息、良好的飲食習慣、良好的臉部清潔保養習慣，並調適壓力，避免會使痘痘加劇的刺激因子。

Point 4 若體質容易長痘痘，建議選用使用質地清爽、溫和、對肌膚無負擔的臉部保養品，避免使用含酒精、刺激成分的產品。

5 許多油性肌的人因為容易長痘痘，幾乎不使用乳液、乳霜等油性保養品，但是一味的控油反而會造成皮膚乾燥而讓臉越來越油！

6 防曬動作不能少！出門前擦清爽的防曬產品，抵禦紫外線來減緩皮膚曝曬及水分流失的速度。透過保濕和防曬的基礎保養打底，才能有效恢復肌膚健康。

7 痘痘肌建議一天洗臉次數 1～2 次就好，不要超過 3 次，因為洗臉的目的主要是將肌膚表面的油脂和髒汙清除乾淨，而油脂本身具有保護肌膚的作用，過度清潔可能會加快油脂分泌的速度，反而造成臉出油狀態更嚴重。

8 去角質的頻率也建議不要過度頻繁，最多控制在一週一次，否則過度去角質會破壞肌膚的皮脂膜平衡，讓肌膚失去天然屏障的保護變得更脆弱，長期下來可能會讓肌膚敏感成為更難照顧的敏感性膚質。

9 平時除了清潔、保濕控油及防曬的保養程序不能少之外，日常生活也要多補充水份，盡量不碰辛辣刺激的食物或是油炸類，就能讓穩定膚況，減少粉刺、痘痘出現的機會。

養成規律作息、良好的飲食習慣

特別企劃

解除危肌！
口罩肌的保養 KNOWHOW

自新冠疫情升溫後，「戴口罩」已成為大家每天日常必備的防禦措施，在長時間配戴口罩的情況下，讓肌膚問題拉警報！「口罩肌」成為疫情下的另類問題。隨著來求診的患者增加，以下整理了幾個我在診間最常遇到的諮詢問題，並跟大家分享保養對策：

Q1 為了防疫，不得不長時間戴著口罩，結果臉上卻冒出好多痘痘，請教王醫師該怎麼消除這些痘痘？又該如何預防呢？

A1 配戴口罩時由於需要緊貼肌膚，加上呼吸時的濕熱氣息，造成口罩內悶熱而潮濕，而使肌膚更容易出油、出汗，進而造成毛孔阻塞，甚至變成細菌溫床，悶出「口罩痘」；在這種情況下，倘若是油性肌的患者，痘痘生成的情況會更加嚴重，除了需要強化清潔外，若有粉刺也一併要積極的清除。這是因為痘痘的根源就是粉刺，沒有粉刺就不會產生痘痘。所以要預防痘痘的產生，會建議每兩個小時就拿下口罩讓臉部稍微透氣，好好呼吸，不要一直讓臉部毛孔處於被悶住的情況。

Q2 已經戴了口罩了，是不是可以不用擦防曬？

A2 不是！許多人會認為口罩是個遮蔽，遮住的地方就不用擦防曬或擦薄一點，沒遮的地方再擦厚一點，其實，口罩對於防曬只有輔助作用，並不能完全阻隔紫外線，防曬仍是不可少。在防曬的選擇上，如果是油性肌，建議戴口罩的地方使用化學性防曬比較不會阻塞毛孔，造成肌膚不適；（若是乾性肌和敏弱肌的人，則是建議在被口罩籠罩的範圍稍微擦厚一點的防曬，防曬具有潤滑的效果，除了可以防紫外線也可以防止摩擦造成的皮膚炎），而物理性防曬會是較佳的選擇，若成分表有含二氧化鈦，通常來說它的防曬光譜比較大，但若是加了過量的二氧化鈦，反而會有嚴重毛孔阻塞的情況發生。

Q₃ 本身已是敏感肌，又得長時間戴著口罩，皮膚被口罩不斷摩擦下，反而導致皮膚紅腫脫皮，該怎麼辦？

A₃ 長期佩戴口罩，易使臉部溫度升高、或過度悶熱而對敏感肌造成影響，甚至長期的皮膚摩擦，也會對皮膚造成刺激，容易讓敏感肌轉成酒糟肌，通常會建議口罩除了在公共場合或醫療院所等人多且較密集的場所需配戴以外，建議一個小時就要鬆一鬆口罩，盡量減少悶住的時間，以避免皮膚悶熱導致病情復發。另外，不妨在口罩周圍擦上厚一點的凡士林，注意保濕，同時清潔不要做得太過頭，這些基本護理都能有助減緩敏感肌的不適情況。

倘若肌膚已經敏感甚至進入酒糟肌的情況，那麼肌膚接觸口罩的之處就得要用生理食鹽水、紗布進行隔離，或是用礦泉水沾濕卸妝棉稍微墊在口罩與肌膚中間，不要讓口罩直接摩擦到肌膚，否則敏感肌就會更容易惡化而出現紅腫脫皮的情況。

Q₄ 戴著口罩變得肌膚好容易出油喔，但是一直洗臉對皮膚似乎也不好，有什麼方法可以讓臉不那麼容易油膩呢？

A₄ 戴著口罩的確很容易讓肌膚出油，在悶住的環境裡，所呼出的熱氣及水氣，都會讓溫度升高，連帶也會造成皮脂腺分泌旺盛，一直洗臉當然是不鼓勵的行為，反而是建議約莫 2 到 4 個小時就鬆一鬆口罩稍微透透氣，回家也請記得要做好卸妝及清潔工作，是減少肌膚出油情況發生比較好的方式。

Q₅ 是否有針對口罩肌的保養要點呢？

A₅ 由於口罩得時常佩戴，因此口罩的材質要慎選外，在長時間戴口罩時，儘量不要上濃妝或使用太滋潤的保養品。另外，戴的時間也不要太久，比較敏感的皮膚大概一個小時就要透個氣、中性肌和油性肌的話約莫 2 個小時就要透透氣，不要長達 10 個小時都悶著，皮膚早晚都會出現問題。

CHAPTER

05

拒絕老化！
打敗斑點、細紋
與醫美的神助攻

5-1

方法正確，
才能完全 KO 斑點！

　　肌膚上有斑點、蠟黃、暗沉、膚色不均，對任何人來說都會形成困擾，而進一步根據統計，高達 90% 女性皆有斑點的困擾！

　　相信大家一定聽過「防曬有助預防淡化斑點」，即便如此，許多人很認真的擦了防曬，卻依舊無法阻止斑點、曬斑冒出，問題究竟出在哪？

｜斑點的成因與自由基與荷爾蒙攸關

　　先來了解斑點的成因。斑點主要是麥拉寧色素（Melanin）堆積的結果，麥拉寧主要是黑色素細胞所產生，而黑色素細胞的活性主要取決於兩個因素：一個是毒素的堆積，另一個則是荷爾蒙的變化。

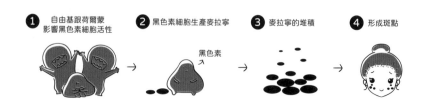

1 自由基跟荷爾蒙影響黑色素細胞活性　　2 黑色素細胞生產麥拉寧　　3 麥拉寧的堆積　　4 形成斑點

黑色素

那什麼是毒素呢？毒素就是醫學上所講的自由基（Free radical）。

人只要活著，光是呼吸代謝就會產生自由基，至於荷爾蒙的變化又是根源性的問題。而毒素要如何才能代謝呢？我們知道人體有兩大排毒系統，一個是肝臟、一個是腎臟。以前在醫院照顧肝不好的病人時，會發現他們的皮膚都是黃的，甚至連眼睛都是黃的，而腎不好的病人，其皮膚則非常的暗沉黝黑，這是因為肝臟跟腎臟是人類兩大排毒的系統，當肝臟或腎臟代謝能力下降的時候，自由基、也就是毒素便不容易被排除，會反映在膚色。所以我常說，皮膚是身體的窗戶，會反映出身體的狀況及健康狀態。

當平時植化素攝取不夠，或者是常常熬夜，都會影響自由基中和，特別是毒素的排除時間是晚上 11 點到凌晨 2 點，這個時段是比較關鍵的，要進入深層睡眠的狀態才會比較容易把自由基代謝掉。這也是為什麼很多時候當我們熬夜、睡眠不足、嚴重壓力大的時候，膚色看起來特別蠟黃、暗沉，而當我們有連續充份休息一段時間、睡飽一點的時候，不但蠟黃暗沉有相當程度的改善，連斑點都淡化了，這便是因為自由基獲得充分代謝的成果。

荷爾蒙的變化也會影響黑色素細胞的活性，所以像是懷孕或更年期，斑點就會變得特別明顯，這也是為什麼有些女性懷孕時，乳暈及會陰部的顏色會變深，或肚臍下方也會有黑線產生，就是因為荷爾蒙本身的變化，會讓黑色素細胞活性增加，有的人甚至會更敏感，在排卵期的前後，或者是生理期間，膚色也會有一定程度的改變。

▍黑色素多寡會決定膚色，外因性因素也會形成斑點

　　除了這兩大根源性因素以外，還有外因性因素，像是擦了不適當的保養品或者在洗臉的時候過度用力搓揉；又或者是太頻繁的去角質等等行為皆會造成皮膚慢性的發炎，全都會間接性的導致黑色素細胞的活性增加。**因此洗臉時，切記不要擦得太用力，在做臉部按摩的時候，也不建議拍打或太用力按壓，至於保養品，無論是種類及成份，同樣是越簡單越好。**

　　之前在 1-1 節有提過，在肌膚的基底層裡存在著黑色素細胞，黑色素細胞是沒有顏色的，而黑色素細胞產生麥拉寧的多寡則決定我們的膚色，換句話說，當麥拉寧堆積越多，膚色自然顏色會越深，也會越暗沉。

　　不過，大家要有一個重要的觀念，其實黑色素也是身體保護系統的一員，當紫外線刺激到皮膚，黑色素便會浮出保護皮膚，以增強皮膚對紫外線的防禦能力，黑色素浮出的現象，會讓人看起來變黑了，但實質卻是黑色素在進行對肌膚的保護。在正常情況下，黑色素是能夠被代謝掉的，不過，受到陽光照射，會導致黑色素細胞的活性增加、麥拉寧產生的速度變快，而老化會讓麥拉寧的代謝速度變慢，一來一回會加速麥拉寧的堆積，如果麥拉寧均勻的全臉堆積，就會造成全臉膚色暗沉，如果是區域性的大量堆積，就會形成斑點。

▍雷射與正確保養缺一不可，才能治標又治本

　　傳統除斑常使用苯二酚、A 酸、外用類固醇、果酸等外用藥物治療，而雷射治療更是除斑的主流。

外用藥物治療或者是雷射的斑點爆破，這些方式雖然有效但是都僅僅是治標，而其中外用治療的成分多半都很刺激，容易造成肌膚過敏，慢慢的也越來越不建議使用。

至於雷射這一類的高科技雖然很精準，但其本質是一種破壞再建設的原理，對斑點肌膚進行破壞，讓斑點快速消失，但是如果黑色素細胞不穩定，一段時間後麥拉寧又會重新堆積，斑點又會再度形成。更有甚者，雷射的劑量過強或者是術後的照顧不恰當導致黑色素細胞過度活躍，就會產生發炎後的色素沉澱，造成比原先的狀況更黑，就是所謂的反黑。

保養品扮演的角色，是要延緩斑點形成的速度，也就是穩定黑色素。若要根源性的去除斑點，雷射與保養缺一不可，兩者相輔相成，雙管齊下才能發揮綜效。

來談談在除斑的範疇中，雷射扮演的角色是什麼？其實雷射只是治標，就是利用高能量爆破麥拉寧色素，讓斑點不見。不過黑色素細胞的活性若沒有達到一定程度的穩定狀態，就又會重新再產生更多的麥拉寧堆積，又再形成新的斑點。所以，除斑的一個重點在於要先讓黑色素細胞穩定，穩定到一定的程度再來打雷射，這樣才有意義，也才會有效。

在臨床上常常遇到的情況是，醫生覺得自己除斑的技術很好，斑點也確實在結痂脫落後消失殆盡，以醫生的角度而言，就會認定有效、治療成功，但對求診者而言，反而容易有

期望落差，因為求診者大多會認為，治療成功應該是意味著斑點打掉後不會再長出來才對。

可是事實上，當黑色素細胞的活性處於不穩定的狀態時，可能一段時間之後，約莫 2 個禮拜、1 個月、3 個月，甚至半年後又會再重新堆積、產生新斑點。甚至有些人的黑色素細胞先天不穩定，施打了雷射之後，熱能反而會讓黑色素細胞變得更加不穩定、連活性也增加，反而加速了麥拉寧的產生，這也是為什麼有些人在打了雷射之後，反而越打越黑的原因。

俗話說「一白遮三醜」，擁有美白肌膚絕對是人人所嚮往的，實際上，對於膚色改善最快速的方式當然還是雷射，因為將麥拉寧爆破代謝後，膚色一定會變白，目前，在台灣利用雷射進行保養也已經相當普遍。

不過，就如同我一直強調的，雷射也是一種破壞，過度頻繁的施打，並不是皮膚科醫師鼓勵的行為，一般建議是 1 到 3 個月做一次雷射保養就可以了，同時打完雷射後一定要適度使用正確的保養品。

保養品「正確」很重要，因為正確的保養品才能穩定黑色素細胞。我常會比喻，黑色素就像叛逆的小孩，小孩不乖被爸爸打了之後，通常會找媽媽，需要媽媽的呵護，這樣小孩心裡才不會受創！而雷射就像嚴父，保養則是慈母，所扮演的角色便是要穩定黑色素細胞，就像要撫平孩子受創的心靈一樣。

1 黑色素就像叛逆的小孩

2 小孩不乖

3 被爸爸(雷射)打了

4 就找媽媽(保養)

光澤診所的除斑療程就和之前提及的所有治療一樣，不會只有單一方法，而是要採取複合式療程。療程共有三個步驟：

複合式除斑療程 3 步驟

Step1 先把皮膚養好。

Step2 用高科技雷射爆破斑點。

Step3 提供肌膚一個穩定的環境來進行修復，預防斑點再度產生。

┃防曬是一切的根本，也是預防醫學

在說明所有肌膚類型及保養方法時，我都會不斷強調防曬的重要性及要養成良好防曬的習慣，如果沒有做好防曬，即便花了大錢去除斑或者是改變膚色，效果都會大打折扣。

請謹記於心：「防曬是一切的根本」。

擦防曬產品並不是為了愛漂亮，特別是現在南北極上方的臭氧層皆有破洞，有害的紫外線會穿透，導致皮膚癌的盛行率越來越高，可見使用防曬產品早已經是預防醫學了，而擦防曬品能夠有效防止皮膚癌機率，最重要的，還有有效降低斑點生成及避免光老化。

而對於非常在意斑點跟膚色的人，在防曬用品的選擇上，要注意「防曬係數」越高越好，一般會建議使用 SPF 50 的產品。但超過 SPF 50，相對就不是那麼有意義。除了選擇 SPF 50 及 PA+++ 外，還可加上穿戴式防曬產品，進行雙重防護。千萬要做好防曬這個基本功，否則任何保養都會是做白工哦。

┃改善斑點跟膚色無法一次到位，6 個月是達成根本調理的時間

第二個步驟，是用雷射來改善膚況。當皮膚維持在穩定狀態，醫生會比較容易判斷需要施打雷射的劑量，也才不會有反彈或反黑的情況發生，後續的肌膚保養會變得比較順利。當然，過程中，我也會建議要適度服用一些抗氧化劑，因為抗氧化劑能夠協助穩定黑色素細胞，並養成白皙及不容易曬黑的體質。

雷射術後，防曬依然是關鍵的保養基礎，另外就是可以適度的擦一些能夠穩定黑色素細胞的保養品及補充一些抗氧化劑。也就是說，雷射是用來快速治標，先擊破黑色素，而塗抹正確的保養品則是根本方法，可以用來延緩斑點復發。

一般來說，除斑的雷射可以 1 到 3 個月進行一次，至於如何判斷，如果不能接受修復期及在雷射劑量沒有很高的情況下，可以 1

個月打 1 次；而可以接受修復期並容許產生傷口結痂狀況的話，則是建議 3 個月打一次就足夠。

要提醒的是，改善斑點跟膚色，也是不可能一次到位，因為皮膚有 5 層，每層的代謝周期是 28 天，因此若要根本性的把斑點清除乾淨，或者改善膚色，換算下來，約莫 3 個月可以見效，6 個月才是能夠達成有效調理的時間。冰凍三尺非一日之寒，甚至有些人要到 1 年以上才能根本改善。

最後，我要強調的是，想要有效的去斑和改善膚色，必須透過飲食、保養品及雷射，三效合一才能達到最好的效果。有高達 60% 的求診者，在完成一階段的治療後，就停止雷射，並且沒有調整生活習慣及飲食，加上缺乏正確的保養觀念跟防曬習慣，80% 都會復發，斑點回來只是時間早晚的問題。若是想解決斑點跟膚色問題，保養真的要做好做確實，並適度服用抗氧化劑能幫助身體變好，以穩定黑色素細胞。

｜由內而外進行體質調理，增強抗氧化力以減緩斑點復發

最後的一個步驟，就是由內而外的進行體質調理，而調理體質的秘方則是抗氧化，以減緩斑點復發，並且要擁有良好的生活習慣、睡眠充足及多吃蔬果。

關於吃的保養品，**對於在意斑點跟膚色的人，所攝取的抗氧化物或保健食品裡，含有植物性或動物性荷爾蒙的成分就要避開。植物性的荷爾蒙比較常見的是月見草油及大豆異黃酮，所以豆漿不是不能喝，而要適量，不要當水喝，至於胎盤素或蜂王乳等動物性荷爾蒙則適量補充，不建議當成每日服用的保健品。**

茄紅素、維他命 E、Q10 等是一般人容易攝取及取得的抗氧化劑，適合日常生活補充，不過在攝取之前，要給各位一個關於保健食品的正確觀念，也就是說，若要看保健食品有無效果，至少要每天吃、連續服用 3 個月的時間。如果吃了 3 個月都沒有任何效果，就表示這個保健食品再好再貴也不一定適合你。假設吃了 3 天就覺得很有效，也不要太開心，反而要警覺，因為效果出現的太快，表示食用的不是保健食品而是藥品，因為保健食品的功能比較偏向調理，並不會立即見效。

　　市面上已有能夠抗氧化的保健食品，主要成分有法國濱海松樹皮的萃取物及水晶番茄這兩個關鍵成分。水晶番茄內含有天然的 L-半胱氨酸，這個成分可以有效穩定黑色素細胞，使麥拉寧產生速度減緩，而松樹皮的萃取物含有特殊花青素「碧蘿芷」（Pycnogenol），可以有效中和自由基、修復受傷的黑色素細胞，讓黑色素細胞處於穩定的狀態；而這兩個成分皆有大量論文佐證，對於預防斑點的形成以及改善膚色暗沉都有卓越的效果。

　　再來是大家應該耳熟能詳的「傳明酸」（Tranexamic Acid），建議同時搭配服用。傳明酸屬於血液系統用藥、止血與抗纖溶藥，可直接阻礙黑色素細胞活性化，改善黑斑活性化因子群的活躍狀態，而它最重要的功能在於可阻斷變黑的最大元兇，也就是黑色素的形成並截斷它往外傳輸到表皮上。目前傳明酸已被廣泛的應用，效果也無庸置疑，甚至已經被應用在外用的皮膚保養品裡了。

　　針對傳明酸的使用，也有人擔憂或質疑傳明酸會不會帶來什麼

副作用？事實上，有很多的抗氧化物，像 Q10、維他命 C、維他命 E 或 B 群，這些營養素一開始都是藥，像 Q10 一開始是心臟用藥、維他命 C 是用來治療壞血病、維他命 B 群是用來治療腳氣病，就連用來治療失智的銀杏，一開始也是藥，但現在已經被用來做成保健食品。簡單來說，這一些歷史悠久的藥品，在長期使用下，大眾發現藥效是溫和的，就連副作用也幾乎看不到，又發現具有抗氧化性，便會被用來做為預防功能的保健食品。

傳明酸也是如此，加上傳明酸很安全，所以也已經慢慢的被用來做為輔助治療的一種抗氧化劑。2016 年美國皮膚病學會年會進行一個大規模的人體試驗，他們連續 19 年針對 24 萬名女性的婦產科研究中，發現有服用傳明酸的人，並沒有血栓性疾病發生的情況，也沒有發現任何顯著的副作用。19 年是段相當長的時間，24 萬名的女性也是一個很大的抽樣群體，在追蹤了那麼久也沒有發現有任何顯著副作用的情況下，報告的結論就是大家可以安心食用。

至於傳明酸的攝取量一般建議約 250 克，一天兩次就足夠了，這也是目前口服產品的最低劑量。另外建議可以吃上 12 週，也就是剛打完雷射的前 12 週是比較關鍵的。口服左旋穀胱甘肽、口服原花青素也有資料佐證是有效的，而光澤診所研發的美顏錠就含有這些成分，同樣具有實證效果。

最後再次強調，**雖然斑點的種類很多，成因也不太相同，不過大部分的斑點大都跟紫外線有關係，因此，基礎保養除了清潔，接著最重要的就是做好防曬了！**

由於斑的種類、狀態及深度不同，不是所有斑點都能用雷射治療，也不是所有的斑都可用同一種雷射治療，建議還是與醫師討論後依不同的斑來選擇合適的雷射治療，才能發揮最佳的治療效果。

－複合式除斑－

Before　　　After

DR. SHINE
劃重點

Point 1 斑點會形成主要是因為麥拉寧的堆積，麥拉寧是由黑色素細胞所生產，會影響黑色素細胞活性的兩大因素則是自由基跟荷爾蒙外，黑色素的多寡會影響膚色。

Point 2 過度日曬、熬夜、飲食、不適當的保養品及過度用力洗臉等，都會造成斑點的產生。

Point 3 改善斑點需要雙管齊下，雷射與保養缺一不可。在進行雷射前後，都要進行肌膚保養，以維持黑色素的穩定狀態，延緩復發率之外，防曬更是關鍵。

Point 4 改善斑點跟膚色，不可能一次到位，所以要進行由內到外的體質調理，並擁有良好的生活習慣、睡眠充足及多吃蔬果。同時，也可適量攝取含抗氧化成分的保健食品做為輔助，可達到事半功倍的效果。

運動　　保健食品　　　　睡眠　　蔬果

5-2

抗老保養
絕對要超前部署

現代人越來越重視抗老，愛美的女性更視「老化」為一大天敵，而隨年齡漸增，皮膚老化、長細紋、膠原蛋白流失等等，雖是每個人的必經之路，只要掌握關鍵，也是可以減緩及延後發生時間，達到逆齡的效果。

其實皮膚老化的原因並不只有年齡喔！飲食、生活習慣、甚至戶外的太陽或是室內的燈光，都會造成皮膚老化，甚至日常的錯誤保養也會加快老化的速度。

前面關於老化的篇章有提到，超過 25 歲，膠原蛋白流失的速度就會超過再生速度，每年還會以 3% ～ 5% 的速度流失，至於為什麼會有 3% ～ 5% 的落差則是取決於每個人的生活態度、飲食習慣以及日常保養，因此要達到逆齡，預防還是勝於治療。

｜從改善生活飲食做起，才能減緩膠原蛋白老化

為了永保青春，不少名媛貴婦會去瑞士、烏克蘭等國家注射胎盤素、幹細胞，或是去泰國打荷爾蒙的新聞時有所聞，這些方式並非完全沒有效果，而是所有的醫療其實都具有一定程度的風險。

多半的人以為「進廠維修」後就可以凍齡，但生活作息仍是沒有改變，三餐也還是大魚大肉，蔬菜水果的攝取少之又少，就會變成冒了注射外來物所潛藏的風險，年輕的本錢卻還是持續損耗，這樣進廠維修的效果真的有限。

加上外來物能夠在體內發揮作用的時間也有一定的時效，因此對於非常在意老化的人而言，不是花很多錢做醫學美容，或者是去尋求靈丹妙藥，就能解決老化問題，反而要從生活態度跟飲食習慣著手才是根本之道。

\\ 若根本的生活與飲食習慣未改變，一樣會持續耗損 //

熬夜　＋　飲食

而提及能夠減緩與防止皮膚老化速度推薦的飲食保養、抗老化的食物或保健食品推薦，我想大家最熟悉的不外乎是膠原蛋白。

這是因為皮膚老化最一開始的表現會出現皮膚變薄，角質層的含水量逐步下降，使得皮膚會更容易乾燥，且皮膚彈性也會降低、膠原蛋白含量下降，進而開始發現細紋、皺紋或有肌膚鬆弛感，這些都是皮膚自然老化的規律。

因此除了從食物中攝取膠原蛋白外，做好每天的清潔、保濕及防曬，仍是最基礎的工作，事實上，這三項工作也是擁有光澤美肌永遠不變的真理。

肌膚的老化也就是大量的膠原流失，膠原的組成主要為膠原蛋白束（Collagen Bundle），膠原蛋白束最重要的功能是用來抓住水分，因此當水分不足的時候，膠原蛋白束會變得比較細，也比較容易斷裂，反之，當保濕做得好的話，膠原蛋白束吸水足夠，就會變得比較粗壯，支撐力比較足，比較不容易斷裂，皮膚也就會變得比較有彈性。

倘若這些基本功沒有做得紮實，哪怕使用再高科技的儀器，不管是鳳凰電波、皮秒雷射都好，甚至打胎盤素或幹細胞刺激膠原蛋白增生，都只會是短暫的讓膠原蛋白大量增生，抵不過每天沒有做好保養基礎工作，所造成膠原蛋白斷裂流失的速度。

保濕是首重、預防勝於治療

┃ 老化是綜合面向的結果

在談抗老化時，一定要先建立一個正確的概念：

預防勝於治療

超前部屬的保養，絕對是最基礎而且最重要的。

一般老化的成因，除了上述因年齡造成的內因型老化，光老化，也就是受到太陽紫外線直接照射的影響，也會使得膠原蛋白束容易斷裂，加速流失，這也是為什麼防曬是很基本且重要的工作。

常見的膠原蛋白共有 7 型，主要分布在軟骨、皮膚、筋膜、肌肉、眼睛，甚至內臟都有，也因為它分布很廣，所以老化是整體性的，對於皮膚而言，隨著膠原蛋白流失，便會造成支撐流失、立體下垂的結果外，脂肪、肌肉、韌帶跟骨骼，連同肌膚這 5 個面向也都會有所改變，像是皮膚會容易出現鬆弛的細紋、皺紋，脂肪則會因膠原流失形成凹陷，而有些地方反而會因為變胖，重量增加而下垂。至於肌肉、骨頭則會逐步萎縮，韌帶也會逐漸的鬆弛，所以老化並非單一面向，而是綜合面向的結果。

若將人體比喻成房子結構，膠原蛋白在身體間就像是「鋼筋」的角色，可以提供支撐力，讓肌膚、組織保有彈性與鎖水保濕，進而減緩與防止皮膚老化速度，而既然老化是綜合面向的結果，基礎的保養絕對是最重要的，除了做好每天基礎的清潔、保濕及防曬，也會建議定期要做一下醫美保養。

｜不同年齡有不同的保養重點

簡單來說，保養分為日常保養與定期保養。日常保養就是每天簡單的清潔、保濕、防曬；定期保養則會建議約莫 2、3 個禮拜去做臉來增強保濕，至於每 1 到 3 個月不妨可以打一下雷射以刺激膠原蛋白的增生。

防曬　　　清潔　　　保濕

日常保養

兩到三周做臉
增強保濕

一到三個月打雷射
(促進膠原蛋白增生)

定期保養

當然，保養也是有依年紀進行區分。原則上，在 20 歲以下，建議簡單保養就好，也就是以清潔跟保濕為主，然後適度的防曬，這是因為 20 歲以下，肌膚大部份仍是處於皮脂腺分泌比較旺盛的狀態，所以會比較容易有粉刺跟痘痘的問題，前面提過粉刺是痘痘的根源，一定要適度的清潔，千萬不要讓毛孔被廢棄的角質，或不適

20歲以下

CHAPTER 5

拒絕老化！打敗斑點、細紋與醫美的神助攻

187

當的髒污及保養品所堵塞，以減少粉刺的產生。由於粉刺還可能會造成毛孔粗大，所以 20 歲以下的人，只要做好清潔跟保濕及適度防曬就十分足夠，不用特別去打雷射，但建議可使用 AB 酸進行保養，因為 AB 酸可以調控皮脂腺並代謝廢棄的角質，也有助於皮膚油水的穩定，避免長痘痘，同時也可以預防毛孔的粗大。

25 歲到 45 歲這個年齡區間，基本上膠原的流失會逐漸逐漸增加，所以介於 25 ～ 35 歲之間的話，一般便會建議，可以 1 ～ 3 個月施打一下雷射，如皮秒、脈衝光等。也就是除了定期的保濕、清毛孔、粉刺以外，在清完粉刺後適度的打一下雷射，不僅有助於毛孔的收縮，還能預防減緩膠原蛋白流失的速度。

在 35 歲到 45 歲這個階段，另外會建議不妨考慮定期的各大保養，畢竟所有的醫學美容都是用來預防跟延緩老化。因此，在這個年齡區間，除了每天的清潔、保濕、防曬，每 1 ～ 3 個月定期做一下高科技保養跟雷射，每 1 ～ 3 年還可以打一下電波或音波，針對肌膚的下垂進行加強，若屬於筋膜層以下的組織下垂，電音波不足以改善，則需要考慮以拉線的方式進行。

到了 45 歲到 60 歲，肌膚可能已經逐步在老化，膠原蛋白的流失也已經累積到達一定的量，在這樣的情況下，會建議最好每年要做個年度的大保養。倘若平常就有做好保養的人，可以持續

的藉由電波、音波進行維持，若肌膚已下垂到一定的程度，甚至已經到達比較中層跟深層的下墜程度的話，則可能要考慮拉線，因為電音波的作用只能抵達到筋膜層，深度上還是有所限制。

之所以會建議使用拉線是因為在這個年紀區間，以手術介入的方式似乎太早，畢竟是侵入性的治療，也會留疤，一般來說越侵入性的治療方式不要越早使用。所以在肌膚已下垂到一定的程度，除了電音波要定期做之外，適度透過拉線協助支撐、並做強力的鞏固跟拉提，對於追求更好效果的人會是比較建議的方式。

假設已超過 60 歲，在保養做得好的前提下，電音波加拉線是建議的組合方式，但若是皮膚已經鬆弛到一定的程度，整體組織下墜得太厲害，手術的拉皮就會變成是必要的選項之一了。

60歲以上

就如上述，老化的成因複雜，每個人因個體差異的不同，老化的成因也不盡相同，如沒有透過醫師的專業來搞懂皮膚問題成因以量身訂做專屬治療，做的再多也是徒勞無功。預防勝於治療，也千萬別以為不到 30 歲就不需要抗老，如果不超前部署，老化絕對是會比預期來得快速及猛烈的！

DR. SHINE 劃重點

1 老化除了年齡，是一種生活態度和飲食習慣的結果，而其中皮膚老化除了上述的成因，更和陽光的曝曬以及日常的保養有密切的關連。

2 在談抗老化時，絕對要有「預防勝於治療」的觀念，超前部屬的保養絕對是最基礎而且最重要的，也因為每個人的生活與飲食習慣不同，影響就不同。要避免老化，就要從生活與飲食習慣著手，也要做好每天的清潔──保濕──防曬。

3 老化分為內因型（年齡）及外因型（太陽直射會造成膠原蛋白束斷裂），而膠原蛋白束會因為保濕不足而斷裂、流失，因此保濕是首重。做好每天基礎的清潔、保濕及防曬是基本功外，還要定期做一下保養。

4 醫療有一定程度的風險，若根本的生活與飲食習慣未改變，一樣會持續耗損（膠原蛋白）。

5 老化就是支撐流失＋立體下垂，膠原會流失、肌肉會萎縮，是一個綜合面向的結果。

6 保養主要分成兩大部份，一是日常保養：每天適度防曬、清潔、保濕；二是定期保養：2～3周做臉（清粉刺）、1～3個月打雷射（促進膠原蛋白增生）。

7 保養也要依不同年齡，調整及選擇不同的保養方式：
- 25歲以下：適度防曬、清潔、保濕，定期做AB酸、保持油水穩定。
- 25～35歲：膠原蛋白流失速度加快，每天一樣要防曬─清潔─保濕，做臉清粉刺後1～3個月打一次皮秒雷射。
- 35～45歲：年度要定期大保養，每1～3年為促進真皮層的膠原增生，可打電波或是音波，適度考慮拉線。
- 45～60歲：須開始以線性拉提做支撐。
- 60歲以上：線性拉提＋平常保養，如果老化下垂過於嚴重，可能要考慮手術型的拉皮。

190

5-3

醫美助攻，
抗老更有感

一直以來，抗衰老始終是眾所關心的議題，拜科技所賜，醫學美容也漸漸從傳統手術轉向「微創」或是「非侵入性」，以致人氣很夯的微整形，在平常被許多人用來修整一下外貌跟外型。

微整形不需要透過手術，即可達到改善外觀或美容保養的效果，其優點為成本較低、且風險較小外，與整型開刀最大的不同處在於，微整形能夠保留自己的風格及味道，只是讓求診者循著原有的面貌提升精緻度，並不像整型開刀，會把你變成另外一個人，相較之下，只是幅度較小的修整，倘若是想追求比較大的改變，仍是要藉由開刀整形才有辦法達成目的。

那麼，微整形又可以怎麼應用呢？

受地心引力及年齡的影響，人體內的膠原蛋白和彈性纖維組織會隨著時間而斷裂，皺紋因而形成，皮下脂肪跟著流失，墊在皮下的脂肪體積逐漸減少，底層的骨骼則更加明顯，造成比鬆弛更可怕的，便是凹陷。肌膚因膠原斷裂流失的比較厲害而產生凹陷現象的，就可以藉由微整形來適度的填補凹陷處的體積。另外像拉線的功能就好像是鋼筋，協助支撐及鞏固。至於電波跟音波則能均勻的

刺激真皮層的膠原增生，不過電波與音波是比較全面性的治療，針對區域性的部位，像是臉頰有凹陷的話，電、音波反而沒有辦法解決凹陷問題，必須靠注射的方式去刺激局部的膠原蛋白大量增生。

目前，常見的微整形可粗分為以下兩種：

注射法

注射具有美容或保養效果的藥劑，目的通常為減少皺紋、增加肌膚彈性等，常見的注射物包含肉毒桿菌、膠原蛋白、玻尿酸等。

膠原蛋白
肉毒桿菌
玻尿酸
皺紋多，無彈性
注射法
減少皺紋，增加彈性

光療法

透過光熱效應，來達到除皺、淡斑的效果，常見的光療法包括脈衝光、染料雷射、二極體雷射等。

脈衝光
染料雷射
二極體雷射
除皺、淡斑

｜填充劑各有優勢，視需求及膚況向專業醫師諮詢

先就注射法用來填補的注射物做進一步的解釋說明，目前可分為三大類。

第一大類主要是大家耳熟能詳的玻尿酸。玻尿酸是生物科技合成的產物，其組織相容性很高，不太會造成排斥或排異，因此術後的修復期極短，倘若醫生的操作技術好，甚至會沒有修復期。

玻尿酸唯一的缺點在於玻尿酸並非由自己的身體自動產生，因此注射玻尿酸只是讓人「看起來」更年輕，並非是真的讓人變年輕，理解這個差異是非常重要的。

第二大類的注射物，是相當具知名度的童顏針。目前童顏針已經發展到第二代，它的主要作用是用來刺激膠原蛋白增生。童顏針本身是一個 3D 聚左旋乳酸，所扮演的角色就是刺激膠原蛋白增生，一般在注射進入肌膚，刺激膠原蛋白增生完之後，就會結束作用，並不會停留在體內。

相較之下，童顏針的好處就是能夠適當的促進區域性的膠原蛋白增生，對臉頰凹陷的人而言，打了童顏針，臉頰也會變膨。若與玻尿酸比較，童顏針最大優勢不僅是維持時間較長，又因為是使用促進自體膠原蛋白增生的方式，反而能夠產生整體及自然的改變。

童顏針

臉頰凹 　　　臉頰變膨

由於每個人的體質及狀態有落差，膠原蛋白增生的速度自然也有差異，有些人打個 1、2 次、2、3 次就看得到效果，有的人就得要 5、6 次，甚至有人要 7、8 次才會看到效果，就會變得與原先的期望有落差，對於想要立即回春的人來說，就容易會有花了錢卻無法即刻看到效果的抱怨。

　　特別是童顏針是採取漸進的方式以促進膠原蛋白增生，需要時間才會看到成果，若要選擇施打童顏針，首先要了解效果絕對不是立竿見影。

　　因此，醫美界近期又催生出新一代的洢蓮絲（Ellansé），又稱「少女針」，由荷蘭研發，也是填充劑的一種，是類似玻尿酸跟童顏針的複合體。

　　如同前述，玻尿酸的優點是注射後有顯著的立即性效果，但無法刺激膠原蛋白增生，而 3D 聚左旋乳酸，也就是童顏針，其優點是可以誘發自體膠原蛋白增生卻沒有即時性效果，Ellansé 結合兩者的優勢，也就是擁有 3D 聚左旋乳酸和玻尿酸填充劑的雙重優勢，並能誘發自體膠原蛋白增生和具有立即性填補的效果。

　　透過生物科技計算的方式，讓 Ellansé 成分中的 CMC 有類似玻尿酸的特性具有立即的支撐性又能夠慢慢吸收外，在過程中其另外一個成分 PCL，則與童顏針的性質相仿，具有刺激膠原蛋白增生的效果。這也是為什麼 Ellansé 打進去就有立即性，同時在施打以後，即便完全被組織代謝掉，也無損效果，不會恢復到原型，這是目前相對新一代的注射填充劑，是一個抗老的新選擇。

｜以解剖學爲基礎，跨時代拉提技術深層解決臉部組織多面向問題

至於第三類，也就是拉線，目前拉線同樣也是使用新一代的產品。其實拉線的發展頗具歷史，並非什麼創新的技術，早在 20 年前，拉線就是回春拉提的一個選項。

過往，拉線的使用都是在筋膜層以上，就如同電波音波也都僅是作用在筋膜層以上，這是因為筋膜層以下埋藏了很多的神經血管，若超過以下，容易產生危險外，許多拉皮的人還常會發生一個狀況，就是拉皮後容易發生皮膚過於緊實顯得面容不自然，這是因為傳統拉皮手術的運作原理是在淺層脂肪下方的筋膜層進行修皮重建，不僅破壞性較大，加上傳統拉皮手術因內部組織沒有充分拉提，只是拉扯表皮層，拉皮本身並沒有解決脂肪流失與膠原減少的問題，在視覺表現上也會給人不自然、過度緊繃的感覺，後續復原時間至少 3 個月，部分敏感體質患者也容易引起蟹足腫等副作用，整體而言，弊大於利。

另外，脂肪移植一直都很受歡迎，但可能受限於脂肪細胞的存活問題，因個人體質差異存活率有好有壞，而且是隨機存活，沒有存活的細胞可能會產生鈣化跟硬塊，而存活的過程因是隨機存活，又可能會凹凸不平，而已經存活的脂肪細胞，因體積重量增加，若支撐未同步提升，受長期重力作用，可能會在 3、5 年後下墜的特別快。以上這些問題隨著生物科技的進步已獲得大幅解決。

近年來細胞醫學的發展日新月異，已跨足到醫美的領域，現在發現脂肪層裡面，除了脂肪細胞以外更有珍貴的內皮細胞（Endothelial Cells）、纖維母細胞（Fibroblast Cells）、間充質幹細胞（Mesenchymal Stem Cells, MSC）等，我們統稱「活細胞」。

面部活細胞移植，纖維母細胞可以增加皮膚彈性與光澤；間充質幹細胞可進行皮膚老化的修復再生，加速改善肌膚彈性與膚質，散發健康光澤，讓肌膚迅速呈現美麗與健康狀態。舉凡煩人的凹陷像太陽穴、蘋果肌、雙頰、法令紋等易讓人看起來顯老的狀態，皆可因活細胞而獲得絕佳的改善，而活細胞來自自己的身體，則是不會有排斥過敏的現象。

　　儘管活細胞能夠增加皮膚彈性與光澤，想要抗老的自然、持久，仍需要更進一步的輔助，也就是將臉部鬆弛的部份重新定位。同樣的，以過去的技術，在操作上執行提拉相當困難外，傳統技術也僅能將皮層以一個平面的方式向上拖拽，因此只能做到單面的拉提，而內部的組織卻沒有隨之一起提升，使得臉部只能產生緊繃的視覺效果，卻無法恢復成年輕時立體緊緻且富含彈性的樣貌。

　　由於老化是一個立體構面下滑的結果，也就是臉部組織中，「骨頭、肌肉、脂肪、皮膚、韌帶」等五個面向綜合鬆弛的問題，隨著醫學科技及知識的進程，這 3 至 5 年，臉部解剖學出現翻天覆地的革命：我發現在筋膜層其中有個間隙，並沒有神經血管存在，能夠透過超音波的導引，將線放在間隙裡面，不僅能夠確保安全，筋膜層以下的拉提也能進行操作，這項革命性的發現便催生新一代深層「結構式線性拉提法」的問世。

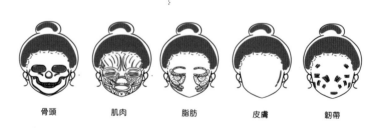

骨頭　　　肌肉　　　脂肪　　　皮膚　　　韌帶

新一代深層的結構式線性拉提法，主要是透過超音波的導引在筋膜層以下的一個間隙中行走，使用可吸收的線材，例如 PLLA 3D 聚左旋乳酸製成「鈴鐺線」，將肌膚與內部組織多面向一起拉提，改善臉型輪廓線條，達到較優的支撐幅度，同時促進膠原蛋白增生，不僅能有效的把下垂的軟組織往上拉提，達到自然歸位、恢復年輕狀態，還能恢復臉部的緊緻與澎潤感，術後復原時間很短，平均只要 3 到 5 天，其效果更甚手術，是一個跨時代的新技術。

臉部的老化並非單一面向，舉凡骨骼、脂肪、肌肉、韌帶等面向都會影響皮膚外觀的年輕度，加上每個人的顏部老化程度及部份也不盡相同，因此在考量臉部拉提時，反而要以綜觀的方式來思考，而非一個單面，更甚者要以客製化的方式來思考。

「結構式線性拉提」是結合解剖學在皮膚組織層的新認知和線材嶄新的使用方式，從傳統醫美裡另闢蹊徑，不需經過手術開刀，不只降低手術拉皮切割的風險和留疤的可能性，結構式線性拉提所使用的線材也因可被人體所吸收，在代謝的過程中會促進自體膠原蛋白增生，產生向上拉提效果。

總結來說，結構式線性拉提加上活細胞所產生的綜效，將會呈現最自然的抗老效果。

在安全性上，我在 2019 年 PRS（Plastic and Reconstructive Surgery）提出此構想，不但得到在場編輯 Instagram 跟 Facebook 的好評推薦，還得到年度最佳論文的肯定，接續在 2020 年 PRS Global，又再度刊登了結構式線性拉提在臨床上，也就是解剖學上安全性的實證。其實在 2019 年結構式線性拉提法被提出時，在年會上就已經引起非常大的迴響跟震撼。

由於結構式線性拉提的線材可將下垂組織復原至原本位置，能夠促進膠原蛋白時間更持久，增生後大約能維持 3 到 5 年，國外醫學研究更指出增生量最多可達 30％，術後只要做好保濕及防曬，養成良好的生活習慣也有機會延長更久時間。

｜年輕時建議勿採用手術，以免增加日後再保養的困難度

　　相較於手術拉皮需經過切割皮膚、修掉多餘皮層再行縫合，其實只要經過手術切開，臉部組織在解剖學概念上的位置就會因而改變，換句話說，每增加一次手術次數，下次手術的困難程度就是等比級數的增加，因此同個部位的手術次數是有限的，切忌貿然進行手術，應向專業醫師評估、諮詢。

　　正因老化是個過程，任何人都無法阻止外在的老化速度，若年輕時就採用了拉皮手術，會造成往後手術的困難度增加、修復期也更長。結構式線性拉提技術將會是跨時代的微整形概念，當年此技術一提出，吸引了許多國外醫師來台交流學習，相信結構式線性拉提技術也將在台灣越來越普及、成為另一種醫美拉提的新選擇。

－結構式線性拉提－

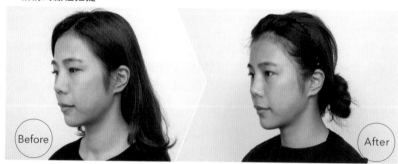

一起努力吧！

老化是個無法避免的過程，醫美只是一個錦上添花的輔助，**想要擁有具光澤又年輕的肌膚，有良好的作息及飲食習慣仍是根本**，當然，在選擇醫美協助時，也一定要謹慎，除了慎選專業、有品牌的醫美診所外，最重要的是，並非要一味追求不適合自己的療程，而是要讓肌膚呈現最自然的樣貌，如此，才是抗老的最佳態度！

DR. SHINE
劃重點

Point 1 微整形是很受歡迎的一種保養方式，而常見的填充劑則有玻尿酸、童顏針及拉線。玻尿酸雖有立即的效果，但不持久且無法刺激膠原蛋白增生。童顏針雖可刺激膠原蛋白增生，卻沒有立即效果，因此才有結合兩者優點的新一代少女針出現。

Point 2 拉線過往是使用在筋膜層以上的回春拉提選擇。而新一代結構式線性拉提則是依據解剖學原理將線體置於間隙中，能有效將臉部軟組織進行拉提。同時，也在 Plastic and Reconstructive Surgery（簡稱 PRS 雜誌）中刊登，有跨時代的突破，其安全性也獲得證實。

Point 3 年輕時建議勿採用手術，以免增加日後再保養的困難度，切忌貿然進行手術，應向專業醫師評估、諮詢。

Point 4 想要抗老、逆齡就需有長期抗戰的心理準備，再次強調防曬、清潔、保濕是基礎，依據不同年齡及狀況再選擇適合的保養，才能得到真正好的結果。

結語

請相信肌膚的自我修復能力

　　相信你我一定都有遇過這樣的情況：偶爾得了小感冒，並不會馬上去找醫生，而是在家多休息、多喝水，靠自體免疫力恢復健康。其實肌膚也是如此，肌膚本身就存在「自癒力」，只要給予它必要的養分，自然就能呈現健康透亮！

　　很可惜的，儘管絕大多數人相信身體有自癒力，但願意相信肌膚也有這種能力的人卻不多見，最明顯的證據，就是受肌膚問題困擾的人數越來越多，來診所尋找解決之道的人也越來越多。

　　因此，在面對每一位來求診的病患，不管他們求診的肌膚問題是什麼，我們都會慎重地要求他們先針對肌膚做個皮膚檢測，包含使用顯微鏡、VISIA 皮膚檢測儀等，再根據檢測出的肌膚結果，仔細地跟求診者分析他們的肌膚情況；像是對肌膚敏感者，會告知造成肌膚敏感的緣由，多半是長期擦了不適當的保養品或是化妝品所導致。

| 不要迷信「無添加」

　　這是因為在保養品或化妝品裡，大部份成分都是化學，以化妝品為例，其所含的鉛、汞等化學成分、色素、防腐

劑、香料皆能夠滲入肌膚肌底層，而保養品看似單純，卻也是有不少的陷阱。特別是市面上有不少品牌推出針對敏感性專用的保養品，強調沒有刺激肌膚的成分。

事實上，要真正做到「沒有添加物」的情況是不太可能的，除了因為保養品的製作過程，能難做到純天然且不添加任何的化學成分，通常都得要添加一些乳化劑，來幫助成分的穩定性外，再加上不少保養品是漂洋過海而來，在長達半年的船運運送期間，自然也得添加化學成分，如防腐劑、抗菌劑等。

而保養品中最需要注意的添加物，就是防腐劑。因為保養品若不添加防腐劑，例如 Paraben，就會使產品增加細菌滋生的風險，為了延長保養品的保存期限，同時達到抑菌目的，就得使用防腐劑，否則保養品可能在開封後幾個星期就會發霉。當然，用來做為防腐劑或是抗菌劑的成分很多，有的會導致肌膚敏感，有的則不會。

真的無需迷信「無添加」的字眼，挑選保養品或是化妝品的關鍵，仍是要得根據自己的膚質來選擇，因為所謂的「無添加」，對肌膚而言，並不能保證能夠隔絕所有有害肌膚的物質，達到最好的保護效果。

在光澤診所，在做完肌膚診斷及治療後，我們給求診者帶回去的保養品，其成分就不含任何的香料及防腐劑，在給予正確衛教後，再經由這樣的方式，對求診者的肌膚慢慢地調理，再加上適度地使用一些雷射手術，穩定肌膚的免疫系統。

在這裡，我要強調，所有的過程皆不是用藥喔！是讓肌膚自己的免疫系統穩定，好讓血管可以排除毒素，這樣一來，肌膚才有機會慢慢恢復到正常狀態。

｜沉積毒素使肌膚慢性發炎，是肌膚問題的最大元兇

大多數人一開始使用保養品或化妝品的問題不大，但在日積月累下，裡面的香料成份或防腐劑等逐漸會沉積在基底層。在肌膚基底層，也就是表皮跟真皮的間隙間，存在著很多的血管，當香料跟防腐劑沉積的時候，血管免疫系統的一些白血球，會自動鎖定這些有毒物質進行攻擊及保護！而當白血管進行攻擊時，就會引發所謂的「慢性發炎」，當慢性發炎產生久了之後，第一個出現的肌膚徵兆，就是肌膚老化，再來就是會影響腺體。

而當腺體被影響時，皮脂腺的分泌就會開始產生油水不平衡，同時品質也不佳。皮脂腺就像水泥，角質細胞則是磚塊，當皮脂腺的分泌失衡，就像是水泥漿的比例不對，太稠或太稀都會讓磚塊跟水泥沒有辦法黏合得很好，而所築起的屏障，也就是肌膚的防禦力，自然就不好！皮膚會開始變得粗糙，相對又更容易敏感！

　　一旦油水很難平衡，肌膚的狀態便會一直陷在這個惡性循環裡外，影響還不止於此，當皮脂的品質不佳，便會容易滋生蟎蟲，有了蟎蟲，肌膚的正常菌叢就會改變，皮膚狀態便會變得非常地不穩定，狀況將會持續惡化下去。

　　要改善這個問題，我一定會先讓求診者知道：保養品、藥品、彩妝品的殘留物，其實就是一個「毒性累積」的肌膚現象，也是你之所以多年無法治癒的「敏感肌」、「酒糟膚」等眾多肌膚問題的惱人元兇！

「自癒力」

因此要徹底改善肌膚狀態，最好的方法，就是「什麼東西都不要擦」！要相信我們肌膚本來就有自我修復的能力。

由於每個人的膚質都不相同，恢復期也不盡相同，可能是 6 個月，也有可能得花上 1 年、3 年或是 5 年以上的時間。有不少求診者在聽了我的建議，回家後只用清水洗臉，什麼都不擦，自身的體質及肌質狀態不差，加上均衡的飲食、運動及睡眠，在 6 個月內，就恢復成正常的肌膚。

不過，絕大多數的人卻很難接受這個非常簡單的觀念。

就像跟一個耽溺於吸毒的人進行道德勸說，明知吸毒有害，只要把毒戒了，就能遠離吸毒的戕害，只不過真正能願意並順利戒毒的人卻仍是少之又少。

同樣地，肌膚受毒素累積侵害，不要再讓它增加毒素負擔，甚至對已處在病態的肌膚置之不理，它自然會好，能放手的人也是非常地罕見。因為只要在過程中，皮膚開始乾、癢、裂、熱，就會產生不舒服，便會讓有症狀的人急著求解方，但這真的不是解決問題的根本之道。

我始終認為，醫師有個相當重大的任務，就是要盡力解答病人所有疑慮與擔憂，因為病名並非是他們最需要在乎的項目之一，症狀的嚴重程度及成因，他們絕對有「知」的權利，並在了解後，期望醫師預測出疾病的預後，以及治療反應等。

在本書的最後，我必須不厭其煩地再次強調：**喚回肌膚自療力的最好做法，不是醫美、雷射，也不是瓶瓶罐罐的保養品，而是不再干擾它的自我修復能力！**

當你開始願意相信肌膚有自我修復的能力，才有機會贏得正常又健康的光澤美肌！

國家圖書館出版品預行編目資料

光澤美肌保養術/王朝輝作. -- 初版. -- 臺北市：春
光出版，城邦文化事業股份有限公司出版：英屬蓋
曼群島商家庭傳媒股份有限公司城邦分公司發行，
　面；　公分
ISBN 978-986-5543-45-7(平裝)

1.皮膚美容學
425.3　　　　　　　　　　　110011100

光澤美肌保養術

作　　　者 ／ 王朝輝
企劃選書人 ／ 王雪莉
責 任 編 輯 ／ 張婉玲
採 訪 撰 稿 ／ 洪明秀

版權行政暨數位業務專員 ／ 陳玉鈴
資深版權專員 ／ 許儀盈
行 銷 企 劃 ／ 陳姿億
行銷業務經理 ／ 李振東
總 編 輯 ／ 王雪莉
發 行 人 ／ 何飛鵬
法 律 顧 問 ／ 元禾法律事務所　王子文律師
出　　　版 ／ 春光出版
　　　　　　台北市 104 中山區民生東路二段 141 號 8 樓
　　　　　　電話：(02) 2500-7008　傳真：(02) 2502-7676
　　　　　　部落格：http://stareast.pixnet.net/blog E-mail：stareast_service@cite.com.tw
發　　　行 ／ 英屬蓋曼群島商家庭傳媒股份有限公司城邦分公司
　　　　　　台北市中山區民生東路二段 141 號 11 樓
　　　　　　書虫客服服務專線：(02) 2500-7718／(02) 2500-7719
　　　　　　24小時傳真服務：(02) 2500-1990／(02) 2500-1991
　　　　　　服務時間：週一至週五上午9:30～12:00，下午13:30～17:00
　　　　　　郵撥帳號　：19863813　戶名：書虫股份有限公司
　　　　　　讀者服務信箱E-mail: service@readingclub.com.tw
　　　　　　歡迎光臨城邦讀書花園 網址：www.cite.com.tw
香港發行所 ／ 城邦（香港）出版集團有限公司
　　　　　　香港灣仔駱克道 193 號東超商業中心 1 樓
　　　　　　電話：(852) 2508-6231　傳真：(852) 2578-9337
　　　　　　E-mail: hkcite@biznetvigator.com
馬新發行所 ／ 城邦（馬新）出版集團　Cite(M)Sdn. Bhd
　　　　　　41, Jalan Radin Anum, Bandar Baru Sri Petaling,
　　　　　　57000 Kuala Lumpur, Malaysia.
　　　　　　Tel:(603)90563833 Fax:(603)90576622 Email:services@cite.my

封 面 設 計 ／ 徐小碧工作室
內 頁 排 版 ／ 徐小碧工作室
印　　　刷 ／ 高典印刷有限公司

■ 2022年 2 月 22日
■ 2022年 12 月 12 日8刷

Printed in Taiwan

售價／420元